誰でもはじめられる

クロスバイク & ロードバイク

CROSS & ROADBIKE

成美堂出版

はじめに

スポーツ自転車に乗ったことは
ありますか？

日本では、いわゆる〝ママチャリ〟と
呼ばれる軽快車の
イメージが強い自転車ですが、
快適な走りに特化した
スポーツ自転車という
カテゴリーがあります。

そのなかでも、
街中で乗るのに適しているのが
クロスバイクとロードバイクです。

どちらの自転車も、
はじめてペダルをこいだときには
驚くほどの走りやすさや
スピードを感じられると思います。
通勤のための満員電車を降りて
自転車に乗り換えたり

フィットネス感覚でサイクリングを
楽しみたくなるかもしれません。

この本では、
スポーツ自転車の初心者の方でも
安心して最初の一台を
手に入れられるよう
クロスバイクとロードバイクの
選び方から
乗り方、カスタマイズ方法、
メンテナンス方法まで
さらには、すでに乗っている人には
「今さら聞けない」という
内容まで詳しく紹介しています。

決して安価ではないスポーツ自転車。
長く乗り続けるためには
定期的なメンテナンスも必要です。
愛車を手に入れるだけでなく、
長くつきあうためにも
本書を末永く役立てていただければ
幸いです。

車体も走りも軽い!

車体が20kg前後の軽快車に比べ、クロスバイクは10kg前後、ロードバイクはものによって8kg以下のものも。車体が軽いと坂道でもキビキビと上れ、走りの楽しさやスピード感が味わえます。

なによりスピード感!

スポーツ自転車には、走りを楽しむためのパーツが装備されています。軽快車と比べると、こぎ出しの軽さやハンドルの操作性の良さに大きく違いを感じるはず。初めてでも5～10kmの距離を気持ちよく走れます。

スポーツ自転車の魅力とは?

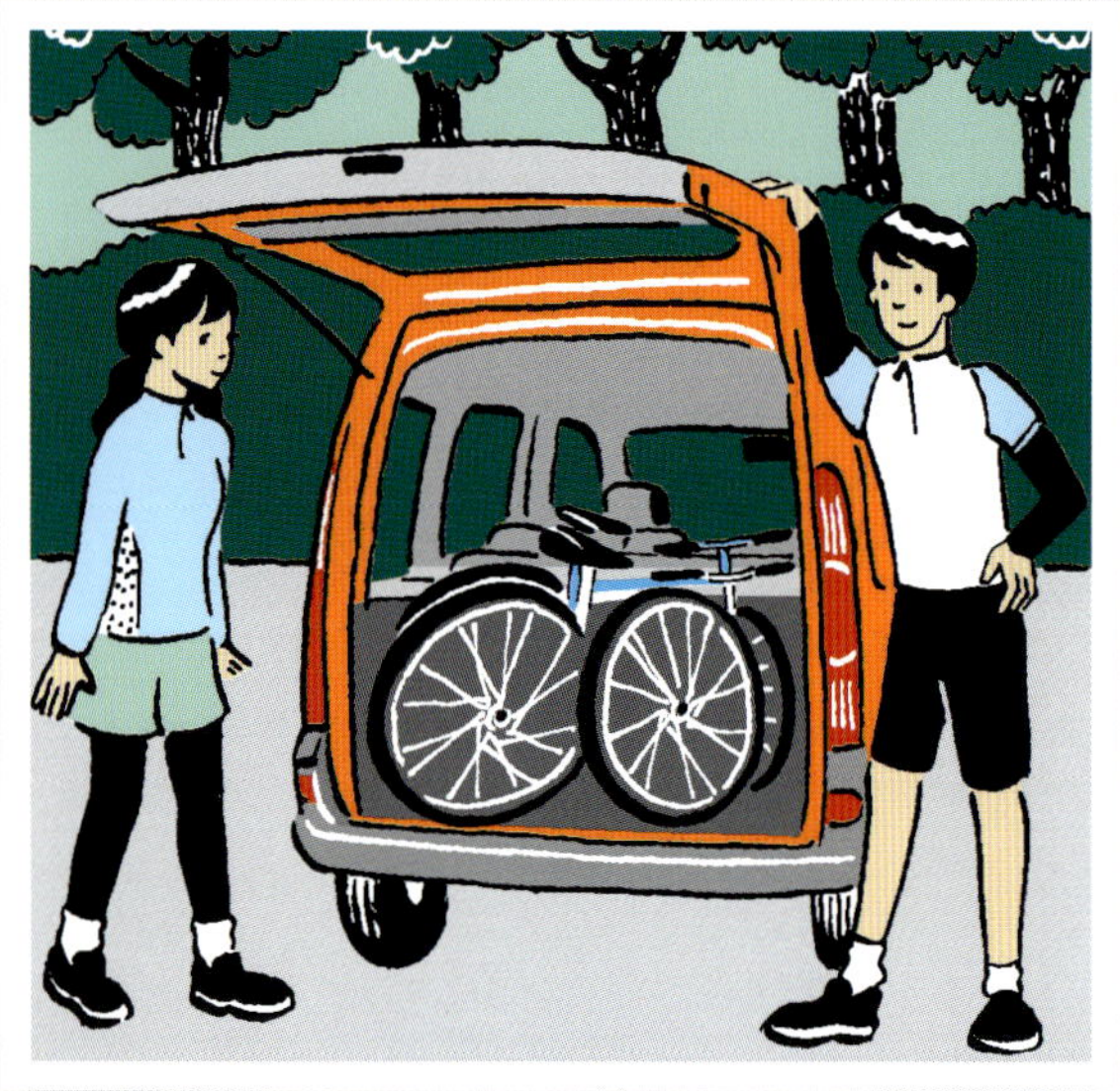

車体を簡単に分解できる

スポーツ自転車のホイールは簡単に取りはずしができる構造のため、持ち運びやメンテナンスに便利。工具があればペダルやサドルなどのパーツや消耗品の交換も手軽なので、愛車に長く乗ることができます。

カスタマイズがラクラク

シンプルに走りを楽しむために、必要最低限のパーツのみを装備しているスポーツ自転車。その分、「街乗りにしたい」、「長距離を走りたい」など、目的に合わせて取り付けられるパーツが豊富なのでカスタマイズもラクラクです。

本書について

本書では、スポーツ自転車の選び方から乗り方、楽しみ方、メンテナンス方法まで４つのパートに分けて紹介。
自分のスタイルでスポーツ自転車ライフを楽しむためのヒントを網羅しています。

Part1
失敗しない スポーツ自転車の 選び方

スポーツ自転車の種類や特徴、クロスバイク＆ロードバイクの選び方、ショップでの購入方法を紹介。

⇦P9へ

Part2
スポーツ自転車と ともに出かけよう!

自転車に関する交通ルール、スポーツ自転車の基本姿勢や乗り方、ギアの変え方、自転車通勤の注意点など。

⇦P45へ

Part3
もっと楽しむ スポーツ自転車

自転車のカスタマイズや自転車旅のポイント、イベントの楽しみ方、健康維持を目的とした乗り方を掲載。

⇦P69へ

Part4
自分でもできる メンテナンス

日常的なメンテナンス方法から、チェーンの外れやパンクなどのトラブルの解決法までわかりやすく説明。

⇦P115へ

本書をお読みになる前に

- 本書はクロスバイク＆ロードバイク（おもにクロスバイク）に初めて乗る人を対象の中心としています。
- 本書に記載の内容は、あくまでも一般論です。メーカーの説明書などで確認して、各車種に合わせた方法を優先してください。
- メンテナンスや修理は自己責任において行ってください。自信がない場合は、無理をせず、販売店や修理店に相談してください。
- 本書に記載された情報やデータは、原則として2017年3月現在のものです。

CONTENTS

誰でもはじめられる

クロスバイク&ロードバイク

CROSS & ROADBIKE

Part 2 実践編
スポーツ自転車とともに出かけよう!

Part 3 応用編
もっと楽しむスポーツ自転車

Part 4 整備編
自分でできるメンテナンス

Part 1 | 準備編

失敗しない
スポーツ自転車の選び方

ここで取り上げているクロスバイク＆ロードバイクは、
価格や用途もさまざま。その中から、自分に合った一台を選ぶための
ポイントをいくつかご紹介。また、自転車といっしょに
揃えたいアイテムやサイクルウェアに関しても知っておこう。

Part 1

01 スポーツ自転車の種類と特徴

スポーツ自転車には、用途や目的に応じていろいろな種類がある。それぞれの自転車の種類や特徴を紹介していこう。

スポーツ自転車は走行路面と用途で分類

日本では自転車というと、いわゆる〝ママチャリ〟と呼ばれる軽快車のイメージが強い。この軽快車は買い物などの移動の足として利用される実用的な自転車で、非常に汎用性が高いのが特徴だ。それに対して、走りの楽しみを追求してつくられてきたのが、スポーツ自転車（スポーツバイクとも呼ばれる）だ。

スポーツ自転車とひと言でいっても、いろいろな種類がある。大きくは舗装路を走るためのオンロード用、未舗装の道や山を走るためのオフロード用に分けられ、それぞれの中でも用途や目的で細分化される。

オンロード用のスポーツ自転車として代表的な車種がロードバイクだ。ロードバイクは舗装路で速

ON-ROAD

ミニベロ

スピード：★★☆☆☆

ON-ROAD

クロスバイク

スピード：★★★☆☆

OFF-ROAD

シクロクロス

スピード：★★★☆☆

OFF-ROAD

ファットバイク

スピード：★☆☆☆☆

く走ることを追求した自転車で、よりスポーティに設計されている。カゴやスタンドといった走る目的以外のパーツは必要最小限にとどめられており、シンプルで重量も軽い。スピードを維持しやすい姿勢をとることができ、長時間走ることに適している。クルマでいうF1マシンのようにレースで使われたり、長距離を走るのに用いられる。

一方、オフロード用の自転車は土など未舗装の道で自転車をコントロールすることを楽しみとし、山下りなどを楽しむ乗り物だ。ロードバイクとはブレーキも異なる。MTBがこのオフロード用にあたる。そして、オンロード用とオフロード用のいいところを受け継いだのがクロスバイクで、街中をスポーティかつ実用的に走ることができる。

通勤や街中での走りを得意とするクロスバイク、よりスポーティで爽快な走りやスピード感で長距離も楽しめるロードバイク。本書では、この2種類のスポーツ自転車の楽しみ方を中心に紹介していく。

ON-ROAD

ON-ROAD
ランドナー
スピード：★★☆☆☆

ON-ROAD
ピストバイク
スピード：★★★★★

ON-ROAD
BMX
スピード：★★★★☆

ON-ROAD
ロードバイク
スピード：★★★★☆

ON-ROAD
E-bike（イーバイク）
スピード：★★☆☆☆

HIGH SPEED

OFF-ROAD
MTB
（マウンテンバイク）
スピード：★★★★☆

OFF-ROAD

クロスバイクの特徴

クロスバイクとは、ロードバイクの軽快さとマウンテンバイクのタフネスさを兼ね備えたイイトコ取りのスポーツ自転車。
もっとも街乗りに適したタイプで価格帯も幅広いので、スポーツ自転車のはじめの一台にも最適。

フラットハンドルバー

マウンテンバイクのように操作しやすいハンドル周り。

ブレーキ

制動力の高いVブレーキのものと、スピードの微調整が得意なキャリパーブレーキを採用しているものの２タイプある。

フレーム

ダイヤモンド型と呼ばれる、剛性と軽さを両立した構造。

ギア

ワイドなギア選択が可能で急な上り坂にも対応できる。

太目のタイヤ&ホイール

乗り心地が良く、ロードバイク用のように軽量。

クロスバイクの価格帯目安

廉価モデル：～3万円（ハイテンションスチールフレーム～アルミフレーム）
入門用グレード：4万円～7万円前後（アルミフレーム／クロモリフレーム）
ミドルグレード：8万円～15万円（アルミフレーム～カーボンフレーム）
ハイグレード：16万円～（カーボンフレーム）

フレームの素材や部品のグレードによって価格帯が異なる。
間口の幅広いスポーツ自転車のため価格帯も広い。

MERIT

- 通勤通学や日常の足として使える
- 軽快な走行感
- 乗り心地の良い太目のタイヤ
- サスペンション（路面からの衝撃を和らげる装置）付きもある

ロードバイクの特徴

ロードバイクは、ツール・ド・フランスに代表されるロードレース用の自転車。そのため、クルマでいうF1のように、高いスピードを維持することを第一に考えられている。スポーツ自転車の中でも、スピード感や長距離を走ったときの達成感はひとしお。

フレーム設計

より前傾姿勢がとりやすいような形状設計。フレームサイズが細かく用意されているのも特徴。

ドロップハンドル

湾曲したデザインのハンドル。スピードが上がれば低い姿勢に、ゆったりと乗りたいときはアップライトなポジションがとれる。

ホイール&タイヤ

タイヤは細く空気抵抗も低いので、高いスピードを維持しやすい。ホイールも軽量に作られている。

フレーム素材

おもにスチールやアルミ合金、高級モデルはカーボンで成型される。

ロードバイクの価格帯目安

入門用グレード：5万円～19万円
ミドルグレード：20万円～60万円
ハイグレード：61万円～

フレームの素材や部品のグレードによって価格帯が異なる。
上位グレードになると、完成車だけでなくフレームと各部品が別々で販売されることも多い。

MERIT

- 快適に速く走るための形状設計
- 無駄な装飾品を省いているため軽く、走りも軽快
- ほかのスポーツ自転車に比べ長距離の走行でも疲れにくい

ミニベロの特徴

小径車とも呼ばれる小さなホイールのミニベロは、小回りが利く街乗りに適したスポーツ自転車。タイプによっては、長距離走行もこなせる実力を持っているものもある。フレームなどが折りたためる自転車も、コンパクトなミニベロであることが多い。

フレーム

フレームの折りたたみができる機種も多い。部屋に持ち込みやすかったり、クルマにも載せやすく行動範囲を広げてくれる。またサスペンションを搭載したモデルなどもある。

ハンドル周り

フラットバーを用いたモデルはゆったり系、ドロップハンドルを用いたモデルはスピード系と大きく分けることができる。

ホイール

18 ～ 22 インチがミニベロの主なホイール径。大きいと速度を保ちやすく、小さいと小回りが利きやすい。

ミニベロの価格帯目安

入門用グレード：3万円～ 10万円
ミドルグレード：11万円～ 49万円
ハイグレード：50万円～

フレームの素材や部品のグレードによって価格帯が分けられる。スピード系のミニベロや、イギリスのモールトンといった嗜好性の高いモデルはミドル～ハイグレードのものが多い。

MERIT

- ロードバイクタイプから街乗りまで種類が豊富
- 小回りが利き、加速性も良い
- サスペンションが悪路でショックを吸収してくれる
- 折りたたみ機能が付いているものもある

マウンテンバイクの特徴

自転車で山をかけ下りる遊びから生まれたのがマウンテンバイク。ブロックタイヤとサスペンションを装備した重厚なスタイルで、耐久性も高い。サスペンションはほぼ標準装備で、フロントだけのものをハードテイル、リアにもあるものをフルサスペンションと呼ぶ。

フラットバーハンドル

操作性の良いフラットバーハンドル。ハンドル幅はロードやクロスバイクよりも広め。

ブレーキ

天候に制動力が左右されないディスクブレーキを搭載したものと、Vブレーキを搭載したものとがある。

ブロックタイヤ

未舗装路を走るためのノブがついた専用タイヤ。アスファルトを走るときは細いタイヤに換えると軽快な走りが得られる。

リアサスペンション

フロントサスペンションと同じく、悪路で後輪のエネルギーを正しく路面に伝えるために上下動し、ショックも和らげる装置。

フロントサスペンション

悪路を走ったときにサスペンションが上下し路面のギャップを和らげて快適に進むことができる。

マウンテンバイクの価格帯目安

入門用グレード：5万円～29万円
ミドルグレード：30万円～49万円
ハイグレード：50万円～

マウンテンバイクの中でも、山を下る用、オフロードを速く走る用など異なる用途があるため、価格帯もさまざま。それぞれのモデルの中でも、フレームの素材や部品のグレードで価格帯が異なる。

MERIT

- オフロードだけでなくオンロードも走ることができる
- 耐久性が高い
- サスペンションが路面からの衝撃を吸収
- 悪天候でも泥づまりを起こしにくいブレーキを採用したものもある

シクロクロスの特徴

ロードバイクスタイルながら、マウンテンバイクと同様のブロックタイヤを装備したシクロクロス。泥や草の多い悪路を走るためのロードバイクといったところ。タイヤ幅は一般的なロードバイクよりも太く、悪路を走るためにギアも軽いものを搭載している。

MERIT

- **悪路を走ることを想定した設計**
- **ロードバイクのホイールやタイヤを流用できる**

ランドナーの特徴

ロードバイクスタイルだが、長距離ツーリングのためにつくられたモデル。キャンプなどで荷物を多く積載することも考慮し、フレームにはキャリア（荷物を積む部分）を取り付けるダボ穴が多用されている。ホイールやタイヤも、ロードバイクより頑丈な規格を用いている。

MERIT

- **数日以上におよぶサイクリングに最適**
- **ロードバイクのような軽快さも兼ね備えている**

ピストバイクの特徴

トラック競技用の自転車で、ブレーキはなく固定ギア（シングルギア）なのが特徴。走行中に足（動力）を止めると、急ブレーキをかけた状態になるので危険。ピストバイクで公道を走るときには、前輪と後輪のブレーキを付ける必要があるので注意しよう。

MERIT

- **パーツ構成がもっともシンプルなので
メカトラブルが少ない**
- **スピードが出しやすい**

BMX《ビーエムエックス》の特徴

バイシクルモトクロスの略で、バイクのモトクロスに憧れたアメリカの少年が自転車で真似たことが始まり。ジャンプやアクションに特化した技を魅せるための仕様で、20インチのタイヤ、固定ギア、座ることを想定していない特殊なサドルが付く。

MERIT

- **ジャンプにも耐える頑丈な車体**
- **ストリートカルチャーとして街乗りでも人気**

E-bike《イーバイク》の特徴

電動アシストユニットを搭載した自転車の総称。クロスバイクやロードバイク、マウンテンバイクにユニットが搭載されたモデルが発売されている。規制上、時速24kmでアシストはゼロになるが、走り出しや上り坂ではそのアシスト機能を存分に活かすことができる。

MERIT

- **電動アシストで上り坂や走り出しが楽**
- **アシスト機能なしでもスポーツライドを楽しめる**

ファットバイクの特徴

マウンテンバイクから派生したジャンル。雪道や砂浜などを走ることを想定しており、タイヤ幅を通常の3～4倍にしたファットタイヤを用いている。基本的な仕組みはマウンテンバイクを踏襲しており、そのユニークなスタイルから街乗りとして使われることも。

MERIT

- **雪上や砂の上を走ることができる**
- **マウンテンバイクと同じ操作性**

Part1

02 フレーム&各パーツの名称

スポーツ自転車は、フレームとさまざまなパーツで構成されている。パーツの名称を覚えることで自転車の仕組みがわかり、乗り方やメンテナンスにも役立つ。

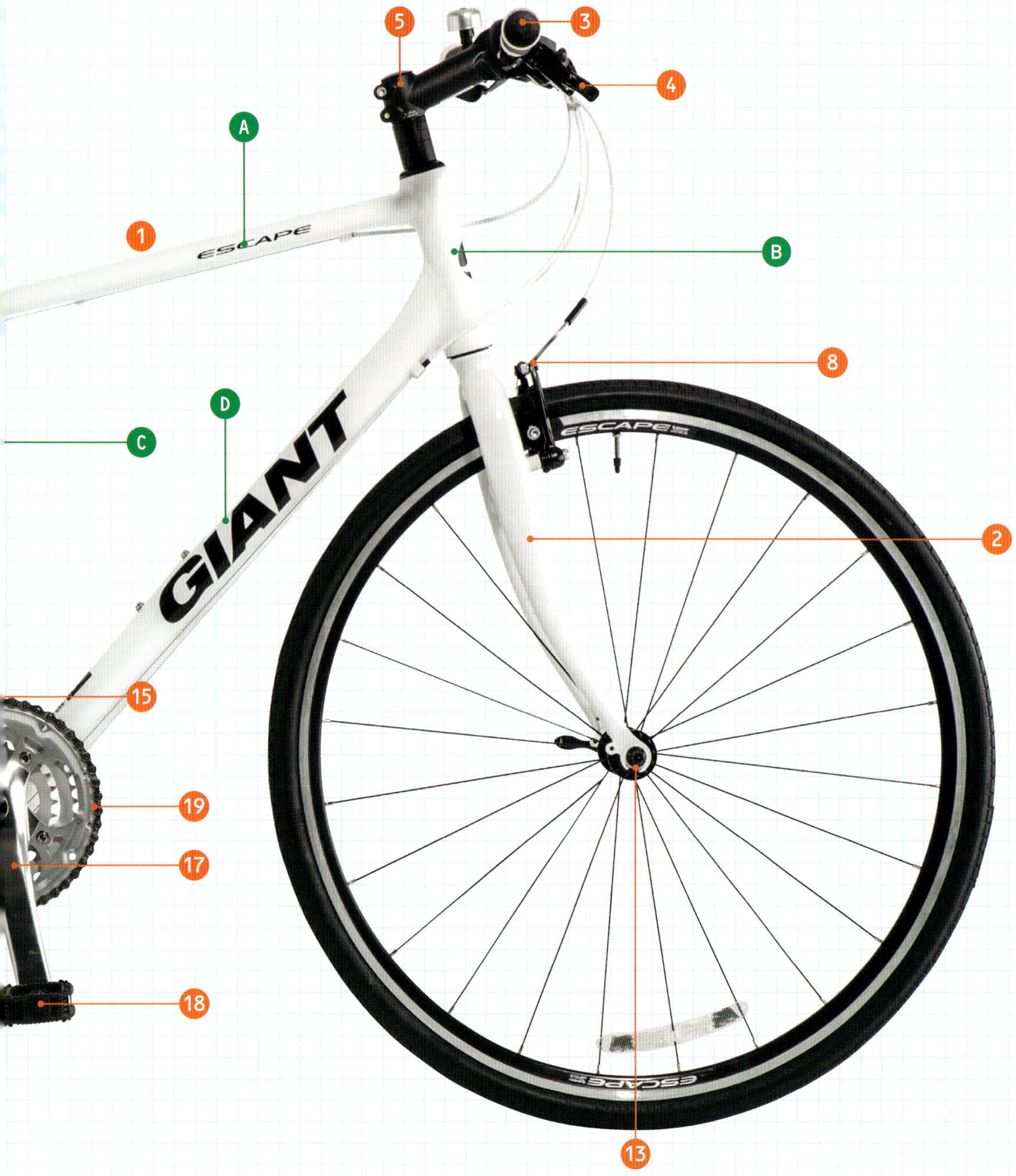

最初に覚えておきたいパーツの名称

19世紀後半から基本的な機構を受け継いでいる自転車。チェーンやギア（変速機）、空気入りタイヤやフレームのチューブ構造は18世紀に生まれている。基本的な機構、優れた運動効率、気分爽快になるといった特徴は、100年以上も前から変わっていない。

ここにある各パーツの名称やフレームの部位は、自転車に乗る前に覚えておきたい。これらはメンテナンスを行うときなどに役に立つだけでなく、ペダリングや変速といった基本的な乗り方にも関係してくる名称だからだ。また、自転車を購入するショップで「どこで」「なにが」などをスムーズに伝えることができるだろう。

基本的な形状はクロスバイクもロードバイクも同じだが、ハンド

自転車の各パーツ名称

1. フレーム
2. （フロント）フォーク
3. ハンドル
4. ブレーキレバー
5. ステム
6. サドル
7. シートポスト
8. フロントブレーキ
9. リアブレーキ
10. リム（車輪の外縁部）
11. スポーク
12. ホイール（車輪）
13. クイックレリーズ
14. （カセット）スプロケット
15. フロントディレイラー
16. リアディレイラー
17. クランク
18. ペダル
19. チェーンリング
20. チェーン
21. ブレーキワイヤー
22. シフトワイヤー

フレームチューブの名称

- A トップチューブ
- B ヘッドチューブ
- C シートチューブ
- D ダウンチューブ
- E シートステー
- F チェーンステー

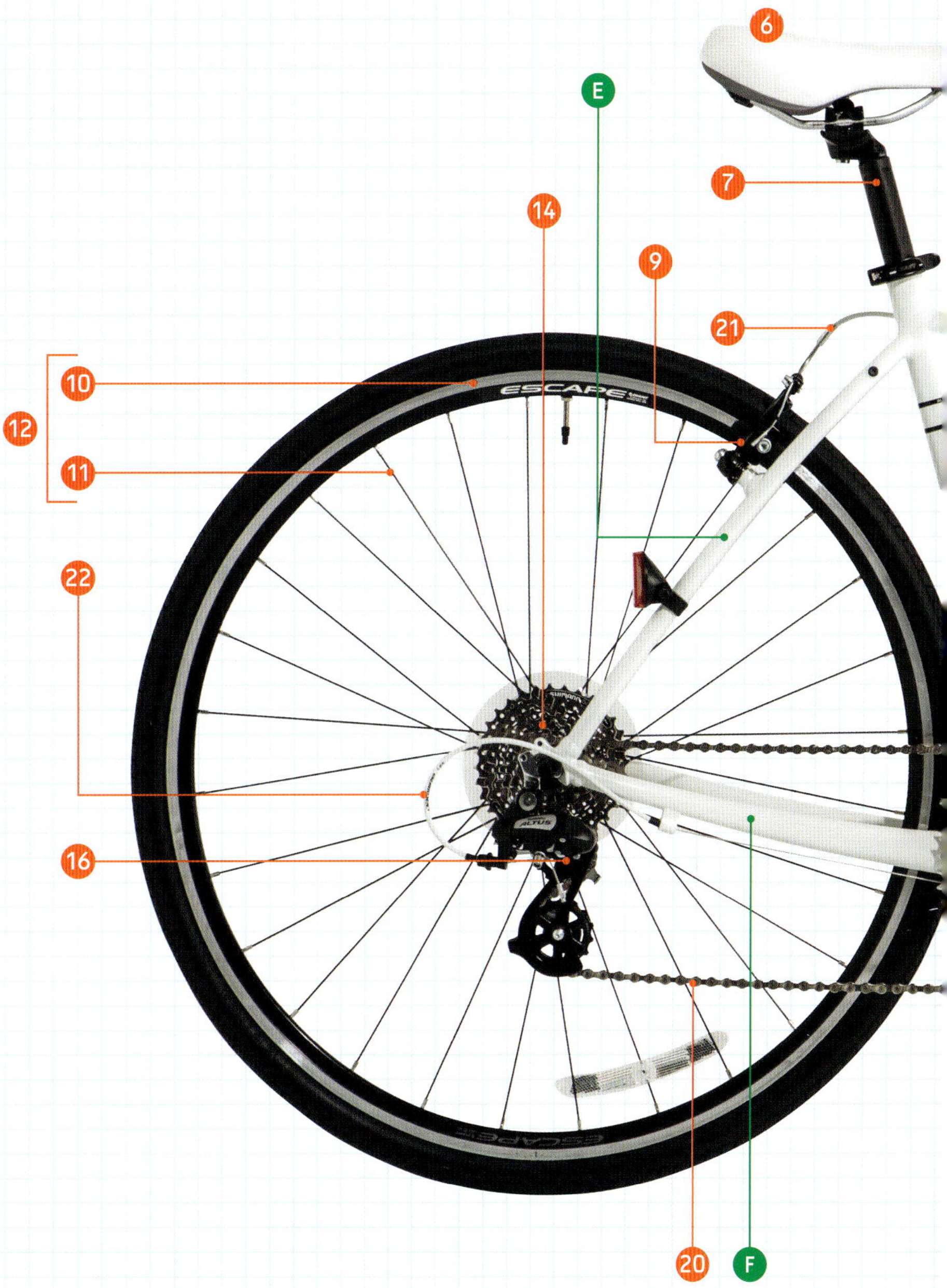

ル部分に違いがある。クロスバイクがまっすぐな形状のフラットバーハンドルであるのに対し、ロードバイクは湾曲させて持ち手の場所を増やしたドロップハンドルを用いている。

ロードバイクのハンドル周り

ロードバイクのハンドル。これはドロップハンドルと呼び、握る場所が多く、シーンによって握る場所を変えられる。それにより乗車姿勢が変えられるので長距離ライドが可能になる。ハンドルにはシフトチェンジやブレーキングができる変速レバーが装着されている。

03 各パーツの役割と特徴

スポーツ自転車の仕組みはシンプルで、必要最低限のパーツで構成されている。各パーツがどのような役割と特徴をもっているか紹介していく。

ハンドル周り

ハンドル

操縦・操作を行うコックピット

走る、止まる、曲がるなどの操作を統括しているハンドル周り。フォークから伸びたチューブ部分とハンドルバーはステムによって固定され、ハンドルを切るとホイールも同じ動きをする。さらに、変速やブレーキ操作を行うレバーが手元に付いている。

ステム

シフトワイヤー&ブレーキワイヤー

シフトレバー&ブレーキレバー

ステアリングコラム

ホイール周り

路面との唯一の接点

ホイールは動力を路面に伝える重要なパーツ。ホイールに装着しているタイヤが摩擦力によって自転車を前に進めるのだ。また、ワンタッチでフレームから着脱できるクイックレリーズが用いられている。タイヤにはゴムのチューブが入っており、空気を必要量充填することで性能を発揮してくれる。

リアホイール

タイヤ

フロントホイール
❶ハブ
❷スポーク
❸ニップル
❹バルブ
❺クイックレリーズ

効率よく走るためのシンプルなパーツ装備

スポーツ自転車は、軽快車に比べ、走りを重視したシンプルなパーツ装備が特徴。基本的には効率よく走るための自転車であるため、物を載せるカゴや荷台、停めておくためのスタンド、泥よけといったパーツはついていないものが多い。とはいえ、必要であれば装着することも簡単。用途や目的に合わせてあとから自分の必要なパーツだけを組み合わせることができるのも、スポーツ自転車の魅力のひとつだ。

反対に、ドリンクボトルを取り付けるための台座や、ホイールをワンタッチで取り外しできるシステムなど、軽快車にはない機能もある。スポーツ自転車のメリットを最大限に活用するためにも、パーツや機能の役割を覚えておこう。

ギア周り

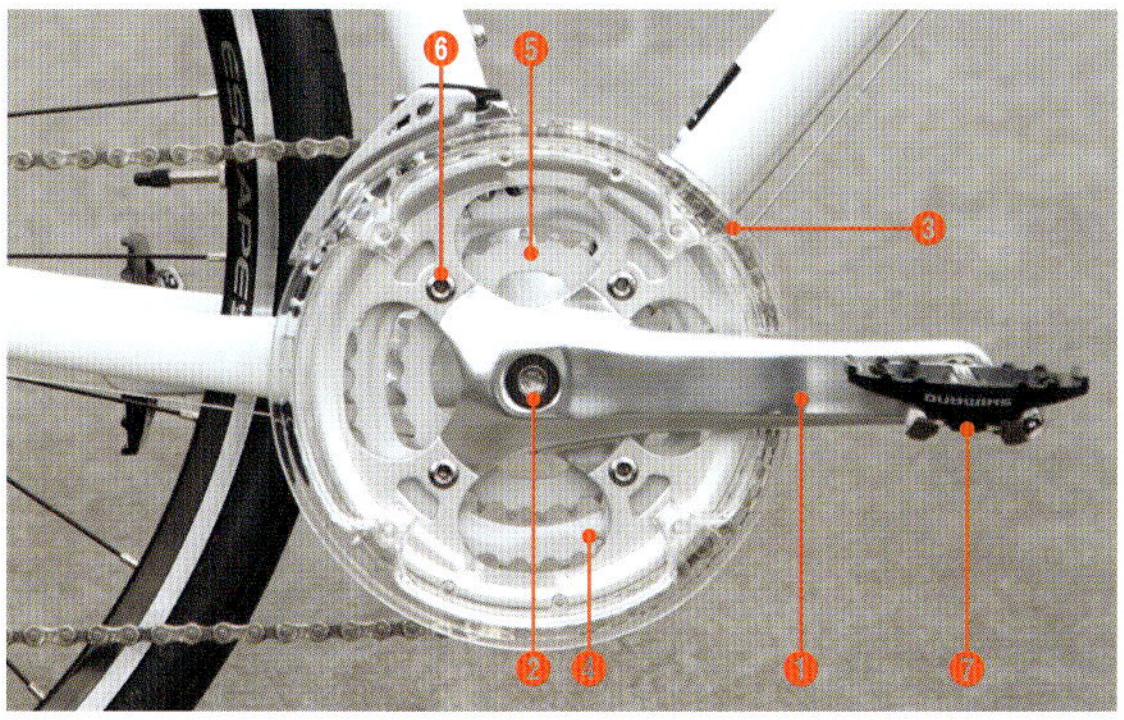

クランクセット／チェーンリング

❶クランク
❷フィキシングボルト
❸アウターチェーンリング
❹センターチェーンリング
❺インナーチェーンリング
❻チェーンリングボルト
❼ペダル

リアディレイラー

カセット
スプロケット

チェーン

ボトムブラケット

フロントディレイラー

エネルギーを無駄なく動力にするトランスミッション

ギアはクランク（フロント）とリアホイール（リア）の２カ所に配置されている。ギアの単位は歯数と呼び、フロントは歯数が多いほど重く、リアは歯数が少ないほど重い。このギアをつなぐチェーンを変速機によって脱線させることで、ギアを変えることができる。実に原始的だがシンプルで、今考えられるもっとも扱いやすいメカニズムということだろう。

サドル

長時間体重を支え軽快なペダリングを提供する大黒柱

サドルは乗車姿勢を支える重要なパーツである。動力源であるペダリングにも影響するので、形状にはこだわりたいところ。各メーカーが莫大な種類のサドルを用意しているのは、それだけ人によって好みが違うということを物語っている。

ブレーキ

スピードをコントロールするもっとも重要なパーツ

ブレーキの役割はスピードをコントロールすること。手元のブレーキレバーを引くとブレーキがホイールのリム部分を挟み込み、摩擦力で速度を調整する。そのため不備があると危険。道路交通法でブレーキを備えることは義務化されている。

ペダル

踏力を自転車に伝える起点となる大事なパーツ

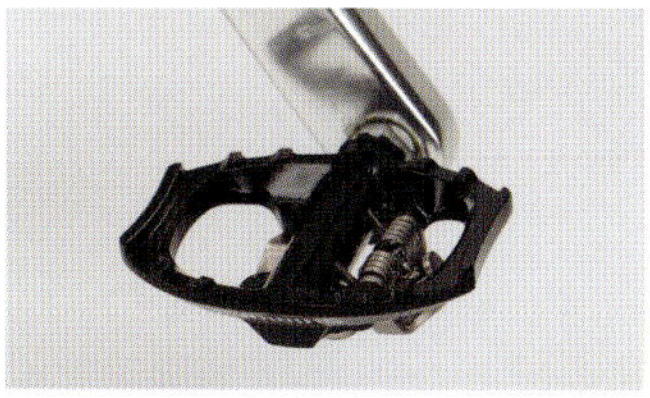

踏力をクランクに伝え、推進力を生み出すためのパーツ。ペダルがなければ自転車に乗ることはできない。大きく分けて、一般的なフラットペダルと呼ばれるペダルと、シューズとペダルを接合するビンディングペダルの２つがある。

ボトルケージ台座

ドリンクボトルなどを積載するための台座はスポーツ自転車に必須

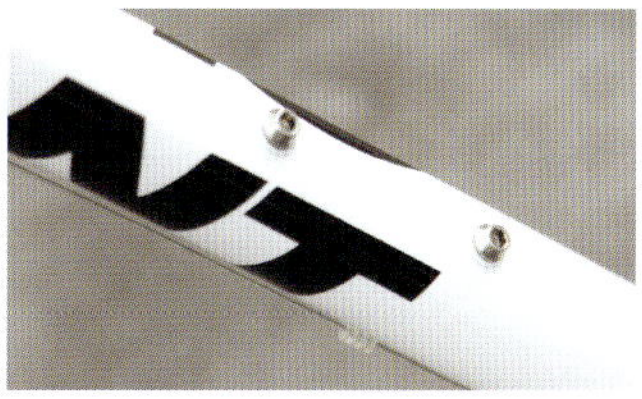

フレームのダウンチューブとシートチューブにはボトルケージを装着するための台座が用意されている。ボトルケージとは、ドリンクボトルをバイクに積むためのパーツ。長距離を走るときは必ず付けよう。

Part 1

04 クロスバイク&ロードバイクの選び方

スポーツ自転車の中でも街中を走る自転車として適している
クロスバイクとロードバイク。その選び方のポイントを紹介していく。

自転車選びは なにが基準になる?

自転車を選ぶときのポイントとなるのが、価格、デザイン、ブランドの３つだろう。クロスバイクの価格を例にあげると、５万円前後から20万円前後のものまでラインナップが幅広い。同じクロスバイクなのに、どうしてこんなに価格差があるのだろうか?

スポーツ自転車の価格を決めるのは、おもにフレームに使われる素材とコンポーネントといった主要パーツのグレードだ。

フレームの素材はカーボン、アルミ、スチールなどがあり、高級素材であるカーボンフレームの自転車は相対的に高価格となる。またコンポーネントは、プロの自転車選手がレースで使うものから軽快車に装着されるものまでグレードが分かれている。つまり、フレ

価格で選ぶ

スポーツ自転車の性能は、価格に比例する。
反対に、同じ価格帯なら性能も近いものになると言える。

POINT 1

フレームの素材

カーボン、アルミ、スチールの３種類が主流。軽いフレームがつくれる、耐久性があるなど、それぞれの素材の持ち味や特性がある。そういう意味では、「街乗りでできるだけ長く乗りたい」「レースに出たいからできるだけ軽いフレームを」など、自転車の用途と大きく関係してくる。

カーボン(20万～80万円)

高級素材の代名詞だったが、さまざまなカーボン素材が開発され、20万円台の自転車にも使われるポピュラーな素材となった。他の素材に比べて衝撃吸収に優れているが、転倒などで傷が付くとひび割れてしまうことも。使い方によっては耐久年数も長いとはいえない。

アルミ(2万～40万円)

アルミはフレームだけでなく、パーツの素材としてもとてもポピュラー。廉価モデルは完成車で５万円台から購入することができる。上級モデルともなるとカーボンに迫る軽さで、非常に高価になる。スチールに比べて軽量で、スチール同様の耐久性がある。

スチール(3万～60万円)

スチール系合金の一種であるクロモリがフレーム素材として代表的。古くから使われる素材で、耐久性に優れる。衝撃吸収性があり、しなやかな乗り味が特徴。３つの中ではいちばん重い。廉価モデルから高級モデルまでさまざまな自転車に使われている。

POINT 2

コンポーネントのグレード

コンポーネントとは、走りの性能を決めるクランクやブレーキ、変速機といったパーツ類の総称。日本のシマノ製が高いシェアを占めている。以下の表は、シマノ製コンポーネントの一覧だ。それぞれのコンポーネントが、どれくらいの価格帯の自転車に使われているかをまとめている。

シマノ製コンポーネント

ロード
- DURA ACE(50～200万円)
- ULTEGRA(30～50万円)
- 105(15～30万円)
- TIAGRA
- SORA(5～15万円)
- CLARIS
- TOURNEY(5～6万円)

アーバン
- ALFINE(5～20万円)
- NEXUS
- METREA(10～20万円)

ロードバイク
クロスバイク
グレード

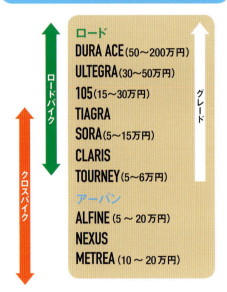

デザインで選ぶ

**好みのデザインやカラーを選べば、自転車に乗る楽しみも広がり
愛着をもって自転車に接することができるだろう。**

自転車ショップやウェブサイトでお気に入りの一台を見つける

自転車ショップで実物を見るほか、ショップにあるカタログやメーカーのウェブサイトでモデルを確認できる。デザインやカラーにこだわりたい人は事前にチェックしておこう。クルマと違って色違いがないモデルも多いので、好みの色が決まっている人は要注意。

ブランドで選ぶ

**日本では、世界各国のブランドのスポーツ自転車を購入することができる。
イタリア車好き、フランス車好きがいるように、ブランドや国で選ぶのも一興。**

ブランドの歴史やコンセプトから感銘を得ることも

日本では国産モデルのほか、ヨーロッパや北米、アジアなど世界中の自転車ブランドから多くのモデルが輸入されている。自転車には200年以上の歴史があるので、ブランドの個性もさまざまだ。ブランドの歴史やコンセプトを調べて判断材料にするのも楽しい。

多くのスポーツ自転車が集結する展示会もある

日本では年に数回、各地で自転車の大型展示会が開かれる。展示会によっては、多くのモデルに試乗できる。スポーツ自転車は乗ると見るでは大違い。いろいろな車種の乗り比べができるのは大型展示会だけなので、ぜひ参加しよう。

ームの素材に何を使っているか、どんなグレードのコンポーネントが付いているかで、価格が変わるというわけだ。

デザインやブランドも選択基準になるがこちらは好みが占める部分が大きい。乗るときのモチベーションに直結するため、妥協せずに選びたい。

クロスバイクかロードバイクか？

最初の一台には、クロスバイクとロードバイクのどちらがいい？
それぞれの特徴を把握して、最適な自転車を見つけよう。

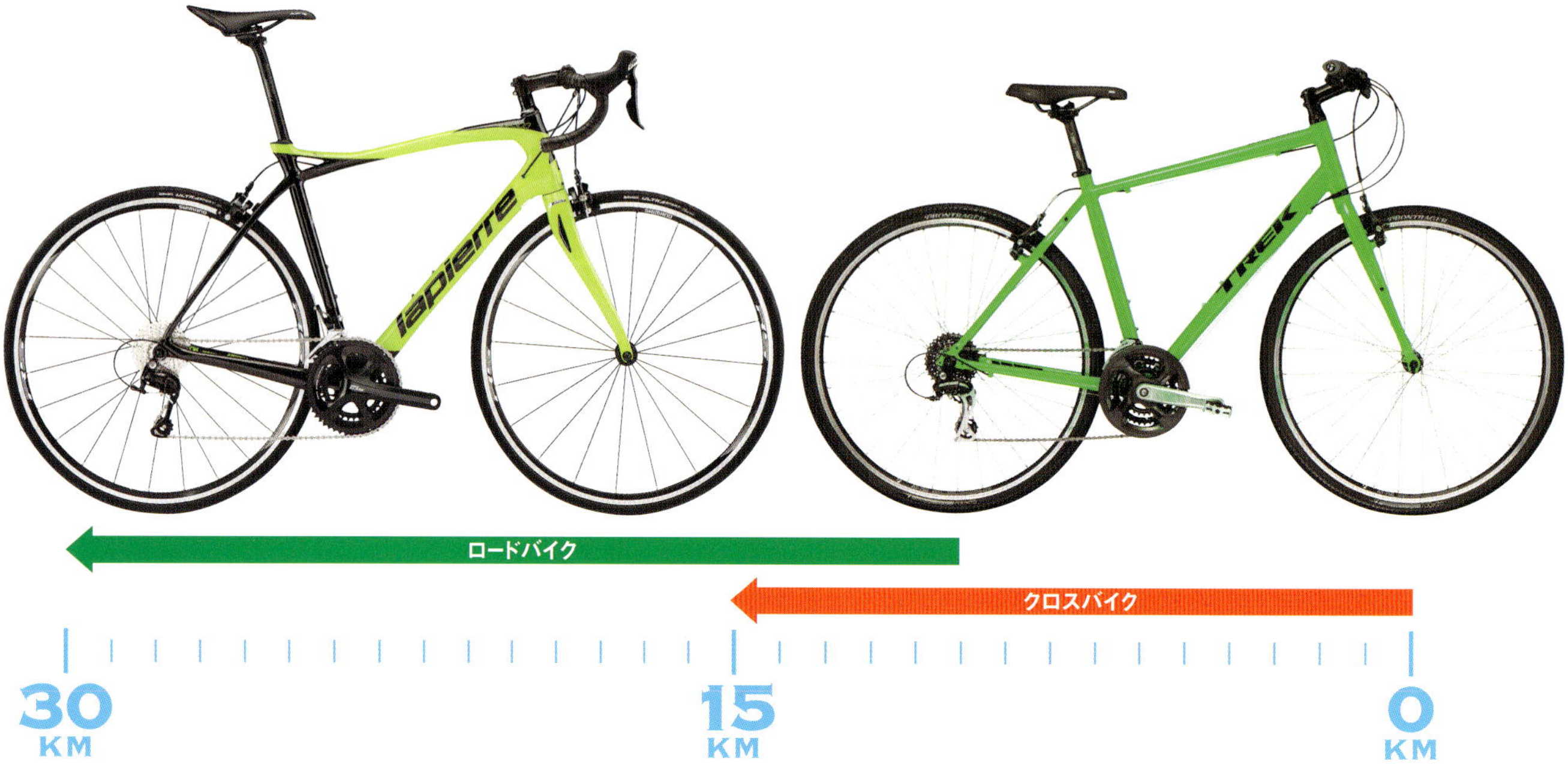

こんな人は

ロードバイクがおすすめ！

- □ とにかく軽快な走りを楽しみたい
- □ レースにも参加したい
- □ パーツをグレードアップしていきたい
- □ 長距離でも疲れにくい自転車がいい

長距離を走るために設計されたドロップハンドルが特徴的。とにかく効率よく走ることを前提としているので、速く走りたい人だけでなく長距離をゆっくり走りたい人にも最適といえる。またロードバイクに照準を当てたレースやイベントへの参加意思があるなら、ロードバイクを選ぶといい。おもに買い物や日常的な足として使いたいという人には不向き。

こんな人は

クロスバイクがおすすめ！

- □ 予算をできるだけおさえたい
- □ 街乗りで買い物にも使いたい
- □ タイヤなどの消耗をできるだけ抑えたい
- □ 荒れた舗装路でも快適に走りたい

ロードバイクの軽快さとマウンテンバイクのタフさを兼ね備えたクロスバイク。フラットハンドルで操作性がよく、30 ～ 40mm と太めのタイヤを採用。アスファルトから未舗装の路面まで、街中の道路を快適に走れるのが最大の特徴だろう。普段着で走っても違和感がなく、おもに街乗りや通勤自転車として使いたい人におすすめだ。

スポーツ自転車はどこで買う?

自転車ショップといえども、軽快車中心の量販店からオーダーメイドで作製する専門店まで幅が広い。目当ての自転車はどこで手に入るのだろうか？

購入から長い付き合いがスタート

スポーツ自転車は、専門店で購入することができる。ただ専門店の中でも、ロードバイクのみを扱う店やMTB専門店など、特定のスポーツ自転車しか置いていないところもあるので事前に調べておこう。また、各メーカーの自転車を扱うセレクトショップ型の店舗と、自転車メーカーが直営する「コンセプトショップ」がある。前者はいろいろなメーカーの自転車を比べられる、後者は特定のメーカーの自転車をフルラインナップで見られるというメリットがある。

軽快車を扱う自転車店や大型量販店などでもスポーツ自転車を販売しているが、メンテナンスや購入後の対応を考えると専門店を選びたい。専門店では知識のあるスタッフが、用途に合う自転車を的確に提案してくれる。通勤や週末サイクリングなど、目的によっても適切な自転車のタイプが変わってくるので、親身に相談に乗ってくれるスタッフがいる店を選ぼう。

くわえて、通いやすい場所にあることも大きなポイントだ。緊急のメンテナンスやアイテム交換の必要が出てきたとき、ショップまで何時間もかかるようでは意味がない。自宅や会社などに近い〝かかりつけ〟ショップをつくり、担当スタッフに見てもらおう。それによって自転車を良い状態で長く保つことができる。

インターネットの通信販売を介して国内や海外からでも自転車が購入できる時代だが、完成車ではないので、自分で組み立てる必要がある。工具もすべて持っていて作業できるなら良いが、自転車には定期的なメンテナンスや、突発的なトラブルもつきもの。

長期的に考えると、スポーツ自転車はショップで購入したほうがコストも手間もかからないといえるだろう。

Part 1
05

自転車ショップに行ってみよう

スポーツ自転車を購入するときは、実際にお店に出向いて実物を見るのがおすすめ。ここでは購入までの流れを順を追って紹介する。

はじめての自転車ショップ どんなことをするの?

スポーツ自転車を専門に扱うショップはスタイリッシュな店が多く、いわゆる町の自転車店とは少し雰囲気が異なる。店内にはスポーティな自転車が所狭しと並び、ヘルメットやサイクルウェアなどスポーツ自転車に乗るときに必要なアイテムが揃っている。

通勤に使いたい、レースに出たいなどの用途や目的、好みのモデルが決まっていれば、それをスタッフに伝えよう。さらに予算を伝えると条件に合った機種やモデルを紹介してくれる。「何を選んだらいいかわからない」といった相談にも丁寧に答えてくれるはず。反対に、スタッフに知識のない店はいい店とはいえない。

スポーツ自転車に乗ったことがない場合は、ショップに試乗車が置いてあるかを確認し、用意があれば必ず試乗させてもらおう。思い描いていたものと、実際の乗り味が大きく違う場合がある。

サイズなどをよく確認

モデルが決まったら、サイズを選んで採寸となる。サドルの高さやペダリングのポジションを確認するので、購入の意思が強いなら、実際に自転車に乗る洋服でショップを訪れるといいだろう。前傾姿勢はつらくないか、腕はどうしたらいいのか、変速レバーの使い方がわからないなど、気になる点は購入前に気が済むまで確認したほうがいい。

必要なアイテムを一緒に揃えれば、引き渡し完了、そのまま新車に乗って帰ることもできる。もし気に入ったモデルやサイズに在庫がない場合でも、取り寄せが可能なのでスタッフに確認しよう。

購入までの流れ

自転車の選び方には、用途を決める⇩予算から機種を決める⇩サイズを決めるという順序がある。

01 まずは自転車のモデルを選ぶ

ショップスタッフに、スポーツ自転車で何がしたいか、用途や目的を伝えよう。その希望に沿ったモデルを提案してくれるはず。

02 お店に試乗車があればぜひ試乗を!

使われている素材や部品によってスポーツ自転車の価格は大きく変わる。高級な機種は軽量で、より運動性能が高い。ぜひ試乗して乗り味を試してみよう。

03 自転車が決まったらサイズチェック

身長からおおよそのサイズを選ぶことができる。メーカーのカタログや資料にサイズチャートがあるので確認してもらおう。

04 実際にまたがって感覚をチェック

自転車をまたぎサイズ感をチェック。サイズが間違っていると乗車時のバランスが悪くなり、気持ちよく走れないので大切なポイント。

05 サドルの高さなど微調整をする

サドルの高さなどを微調整してもらう。軽く試乗して、不具合や違和感がなければOK。そのまま乗って帰ることも可能。

06 自転車以外の必要アイテムも一緒に購入しよう

一緒に必要なアイテムを購入。空気入れやヘルメットは基本だが、用途や目的に合わせてどんなアイテムが必要かもスタッフと相談するといい。

Part1
06 サイズ選びのポイント

サイズチャートを用意しているショップも多いが、スポーツ自転車のサイズ選びにはどんな要素がかかわってくるのか覚えておこう。

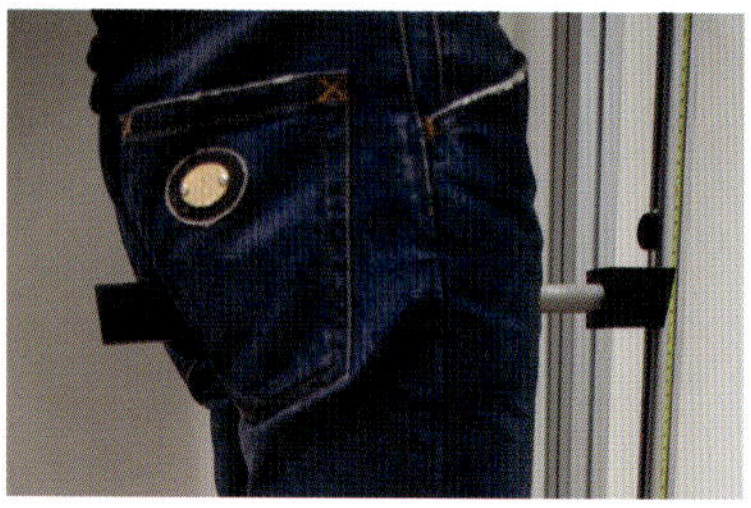

01 股下の長さをチェック

専用の計測器で股下長を測る。計測することを考えた服装で出かけるといい。

02 ペダルを踏んだときのひざの角度を調べる

サドル高を割り出したらペダリング時のひざ角度を計測し、最適な値に収まるよう微調整する。

03 これでポジション出しはOK！

自転車にまたがってハンドルをにぎり、違和感がなければポジション出しは完了。

自転車のサイズ選びに重要な股下と手の長さ

サドル高を決めるのは股下寸法。ハンドルまでの長さを決めるのは、手の長さである。クロスバイクのサイズ選びで話を進めるが、まずこの２カ所の長さが重要になる。ほとんどの専門ショップでは、計測するための機材がある。

ハンドル位置が調整可能

フレームサイズが合っていれば調整いらずで乗れることが多いが微調整もできる。

サドルの高さを決める股下

サドルの高さを決めるのは、身長ではなく股下。効率よくペダリングできるサドル高を割り出す。

サイズを合わせることが性能の8割を決める

スポーツ自転車はサイズが選べる。フレームサイズを選び、サドルの高さやハンドルの位置を微調整することで自分に合った一台に仕上げることができる。

鉄のフレームが全盛だった90年代までは、1㎝刻みでサイズが用意されていたことからも、サイズがいかに重要かわかるだろう。

自転車のサイズを決めるポイントは身長と股下の長さ、手の長さだ。身長によってフレームサイズを選び、股下によってサドルの高さを、手の長さによってハンドル位置を決めるという具合だ。サドルやハンドルはペダリング上ベストな位置があるが、前傾姿勢を緩やかになど、姿勢の好みやリクエストがあればスタッフに伝えて相談しよう。

05 ブレーキのかけ方、ギアチェンジはマスト

ブレーキの利きや変速、加速感は軽快車の感覚とは違うので、操作方法を教えてもらおう。

04 基本的な操作方法を教えてもらう

自転車が決まったら、安全な場所で乗ってみよう。はじめてスポーツ自転車に乗るならまずは走り出しからスタッフに聞いてみよう。

購入後も長いお付き合い

スポーツ自転車に乗っているかぎり、ショップとは長い付き合いになる。ショップは、メカトラブルやパーツ交換、メンテナンスの拠点となるだけでなく同じ趣味をもつ仲間とのコミュニケーションの場にもなる。

06 自分の体に合った自転車の感覚をつかもう

実際に乗ってみて自転車のポジションに違和感がなければOK。少しでも違和感があれば、徹底的に追求し、調整しよう。

サイズが合っていないと…

サイズの合っていない自転車に乗り続けていると、快適なペダリングができないだけでなく、ポジションに無理ができて足腰を痛める可能性が高い。フレームサイズが適正だとしても、すぐに疲れる、特定の部分に痛みが出るなどがあれば、ポジションが合っていないケースも考えられるのでショップに相談しよう。

どんなにいい自転車でも、サイズが合っていないとその性能を引き出すことができない。逆にサイズが合っていれば、自転車のグレードにかかわらず、もっとも速く、長く、快適に走れる乗車姿勢を取れるということだ。

ロードバイクの**サイズ選び**

クロスバイクとロードバイクの形状の違いは、ハンドル周り。
長い距離を走ることに適したロードバイクは乗車フォームにも幅がある。

・ロードバイク

ロードバイクの姿勢は風圧の影響を抑え、力強いペダリングを行うために、クロスバイクよりも上体を伏せた、低く遠いポジションとなる。

・クロスバイク

クロスバイクの乗車フォームは、上体が起きた"アップライト"な姿勢になる。上半身に負担がかからない、ゆったりとしたフォームである。

ハンドル形状の違いで乗車姿勢が変わる

ロードバイクの場合、シチュエーションによってハンドルを持つ位置を変えられる。基本は左の写真の姿勢となるが、風が強かったり、下り坂で安定させたいときにはドロップハンドルの下を持ち、より上体を伏せた姿勢をとる。また、ずっと同じ姿勢だと疲れるため、適度に持つ位置を変えたりもする。

(左) ブラケットを握ったこの姿勢が標準となる。
(右) ドロップハンドルの下を持つと風の抵抗を減らせる。また重心が下がるので安定感も増す。

前傾姿勢で上体を伏せた姿勢が基本

ロードバイクのサイズ選びといっても、股下長や腕の長さなど、基本的な測定部位はクロスバイクと変わらない。ただ元来は競技車であるために、前傾姿勢で上体を伏せた姿勢が基本。クロスバイクよりはスピードを意識した乗車フォームになる。とはいえ、乗る人のレベルや用途に合わせて、乗りやすいように設計されたロードバイクも多くリリースされている。「レースやイベントへの参加意思がなく、ゆったりとサイクリングをしたい」などショップに伝えれば、競技用フレームではなく、ゆったりとした姿勢でもロードバイクの醍醐味を楽しめる機種を提案してくれるだろう。

クロスバイクとの大きな違いはハンドルだ。走っているシーンによって握り方を変えることができるドロップハンドルを採用している。また、クロスバイクよりもハンドル側に荷重がかかり、サドルにかかる体重の割合が減る。その

本格的に乗りこなすなら

スポーツ自転車を乗りこなせるようになると、走りに物足りなさを感じてくるかもしれない。

ポジションやパーツを変えることで、乗り味を変えることができる。

サドルを変えると乗り心地が変わる

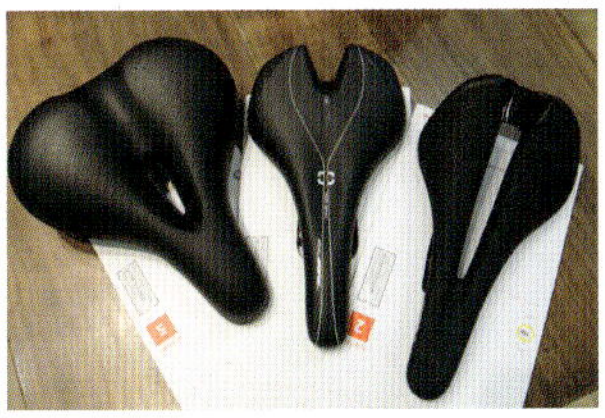

クッション性の高いもの、軽くて硬いものなど非常に多くの種類がある。用途から絞り込もう。

ハンドルを変えると握り心地が変わる

ステアリングコラムに入れているコラムスペーサーを入れ替えるとハンドルの高さ調整ができる。

ステムは1cm刻みでサイズがあり、ステムの長さでハンドルの位置や角度を変えることができる。

ハンドルバーにも形状があり、幅はとても重要だ。ドロップの深さでもポジションが大きく変わる。

プロ選手も利用するフィッティングシステム

ロードバイクの各メーカーが、モーションキャプチャーなどを用いた本格的なフィッティングシステムを採用。ペダリング効率の良い乗車フォームをコンピュータで算出できる。写真は、トレックが開発した“プレシジョンフィット”というシステム。

ためサドルの形状が、クッションが少なく軽量でスポーティなタイプになる。少し硬めの設計なので、しばらくは違和感があるかもしれないが、慣れてくればペダリングしやすく感じるだろう。ただし、痛みが強ければポジションが悪いか、お尻に合っていない可能性がある。無理せずにショップに相談し、適したサドルを提案してもらおう。

自転車と一緒に揃えたいアイテム

スポーツ自転車をはじめるなら、自転車本体以外に揃えておきたいアイテムがある。必要なものは、自転車本体と一緒に購入しておきたい。

LIGHT
ライト

フロントライト

ハンドルバーやフォークに取り付ける。夜間に走るときやトンネル内を走行する場合は、とくに高輝度LEDなどの明るいものを。

リアライト

反射板が付属している自転車もあるが、安全性を優先するなら尾灯を点灯・点滅させ、後方車両に自転車の存在を知らせよう。

ライトは安全運転の要 前後に必ず付ける

夜間は走らないという人も、揃えておきたい前後のライト。フロントは白、リアは赤というのは、クルマと一緒だ。省電力で明るいタイプが人気で、中にはUSB充電可能なモデルなどもある。クルマなどの周囲に、自分の位置を知らせるための安全アイテムなので、明るさや視認距離、フラッシュモードなどのスペックをよく見て選ぼう。

フロントライトには2種類の目的がある

フロントライトの目的は、前方の道路状況、人物、自転車、車両などを視認できるようにするためと、周囲の車両などに自転車の存在を知らせるためだ。

すぐに必要なアイテムと徐々に揃えるアイテムたち

ここで紹介するアイテムは、スポーツ自転車の購入に合わせてまず揃えるべきアイテムと、おもしろくなってきたところで、さらに楽しみを広げ、様々な走行シーンに対応させるアイテムたちだ。

まず確実に用意しておきたいのが、ライト、ヘルメット、空気入れ、カギ、ベルで、バイク購入の予算には、これらを購入する費用も念頭に置いておこう。

工具やケミカルは、徐々に揃えていく。ただ、機材のトラブルでいちばん多いパンク対策を早めに、必要アイテムと予備チューブへの交換方法を予習しておくと、安心して楽しめる。

移動距離が長くなり、乗り込んでいけば、必要なアイテムも増えていくだろう。

TOOLS
工具&携帯工具

必ず携帯したいお助けアイテム

メンテナンスはショップにお任せでも、出先でのトラブルの際に必要となる携帯工具と、家での調整用に工具を用意しよう。サドルの高さを変えたり、自転車を倒してハンドルが曲がってしまったなんてときには、工具が必要となるのだ。

携帯工具

いざというときに使うものなので、使いやすくて良いものを選びたい。ライドのときには予備チューブなどとともにサドルバッグに入れて携行しよう。

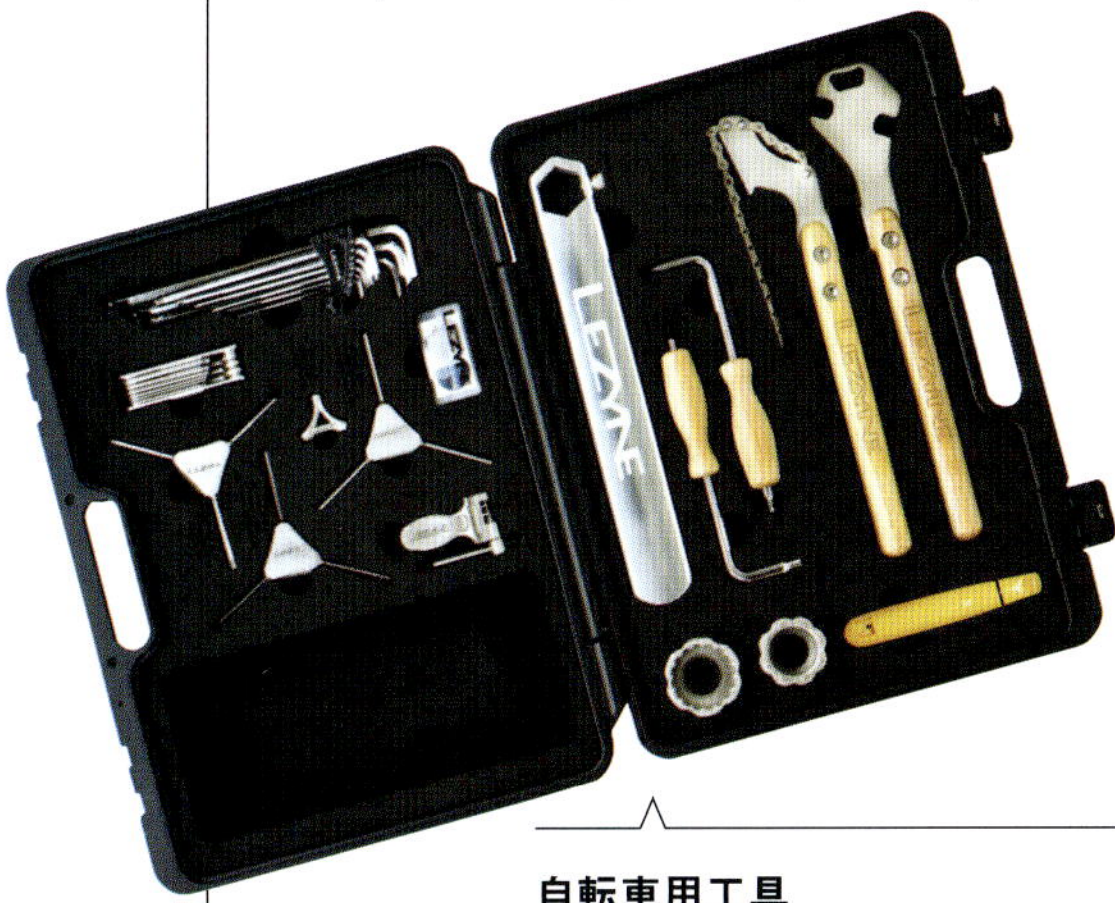

自転車用工具

セットで購入する場合は、大型量販店などで売っている工具セットではなく、自転車に必要な工具が揃う自転車用のセットで探すといい。

携帯工具にもサイズや種類がある

必要最低限をまとめたコンパクトなものから、チェーンツールやタイヤレバーが備わる大きめのものまで種類が豊富。用途によって選ぼう。

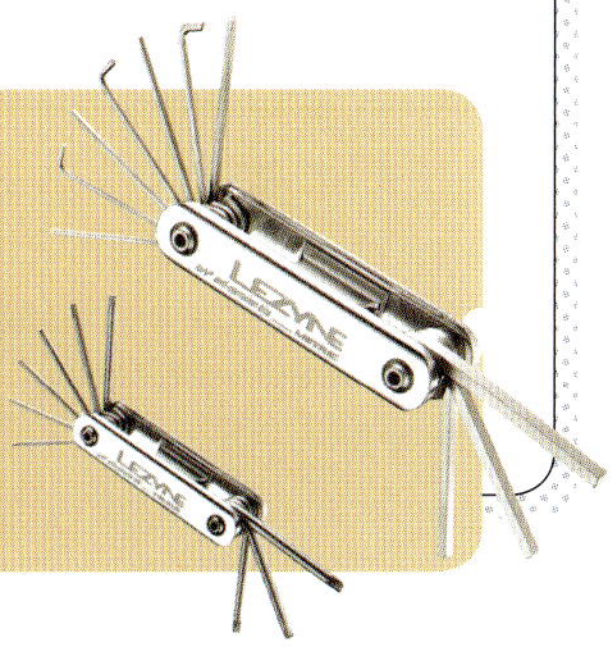

HELMET
ヘルメット

セイフティライドの代名詞的存在

大きなケガから身を守るために、必ず着用したいヘルメット。どんなに気を付けて走っていても、危険が向こうからやってくることもある。転んでから後悔するよりも、乗るときにヘルメットを着用する習慣をつけよう。自転車用ヘルメットといっても、ロードバイク用、シティライド用など種類や価格帯は豊富。用途はもちろんだが、安全規格の基準をクリアしているものを選びたい。

かぶり方のポイント

ひたいが隠れるように眉毛のラインまでしっかりと深くかぶる。また、あご紐はしっかりと顔に沿うように長さを調節しよう。

シティライド用ヘルメット

丸みを帯び、主張を抑えたシティライド向けのヘルメット。帽子のように気軽にかぶれるデザインが多く、クロスバイクに合う。

ロードバイク用ヘルメット

風が抜けるように、ベンチレーションが大きく空いているロードバイク用ヘルメットは放熱に優れ、安全性と快適性を両立している。

TUBE, TIRE LEVER
チューブ、タイヤレバー

突然のパンクトラブルにも慌てないために

いざという時にスムーズなパンク修理ができるように、必ず携帯しよう。できればパンク修理の予行練習もしておくと良い。ホイールからタイヤ&チューブの脱着を何度か経験しておけば、タイヤレバーや携帯ポンプも使い慣れるし、実際にパンクしたときにも、必要な道具が揃っていれば慌てることなく対処できるはずだ。

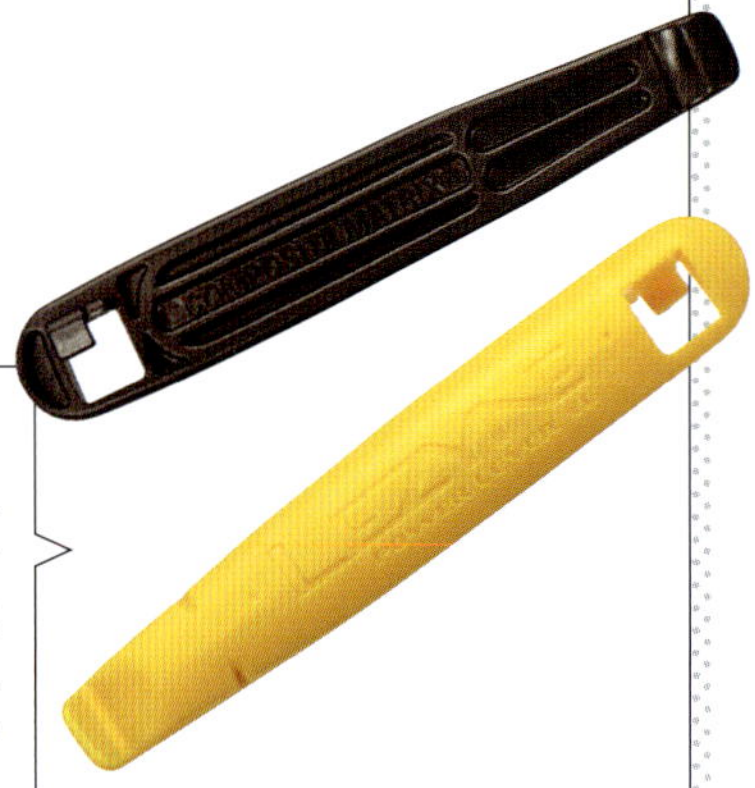

タイヤレバー

ホイールからタイヤを外すときに2〜3本使用する。タイヤメーカーや工具メーカーから発売されているので、使いやすいものを探そう。

チューブ

購入の際はホイール径とタイヤの太さに合うか、バルブ長の確認を。新品の予備チューブに交換すれば、あっという間にパンクから復帰だ。

ポンプとレバーは修理キットとともに携帯

予備チューブだけでなく、穴を塞ぐパッチやヤスリなどの修理キットを携行しておくとなお安心。サドルバッグにまとめて収納しよう。

AIR PUMP
空気入れ

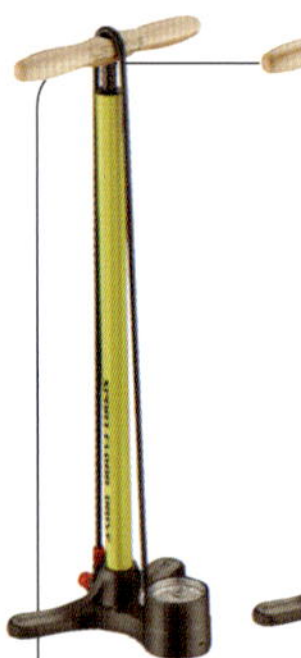

フロアポンプ

高圧を入れることができるように設計されたスポーツ自転車用ポンプ。MTB用とロードバイク用があるが、クロスバイクにはロードバイク用を使う。

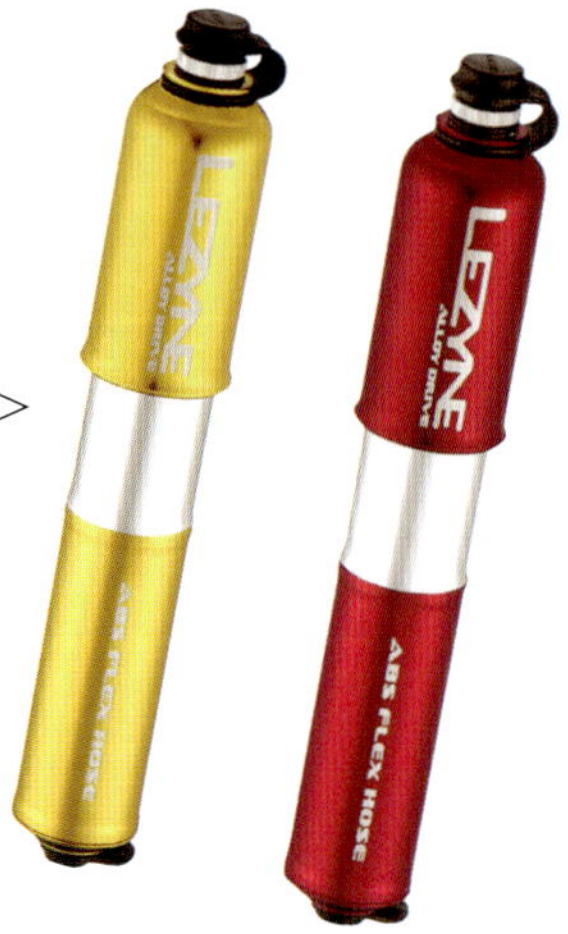

携帯ポンプ

走行中に携帯できる小型のポンプ。素材はアルミやカーボンを用いており軽量だ。フロアポンプのように足のついたものもある。

持っていないと始まらない!

タイヤの空気は少しずつ抜けるので、定期的な管理が必要。適正な空気圧でないと走行感が重くなるだけでなくパンクリスクも高まるので日常のチェックも必要。走行前にフロアポンプできちんと空気を入れ、タイヤに異物が刺さっているなどの不具合がないか確認しよう。そして、外出先でのパンク対策用に携帯ポンプも備えたい。

バルブの種類は3つに分けられる

自転車チューブのバルブには、英、仏、米式と3つのタイプがあるので、ポンプを買うときには対応するものかどうか確認をしよう。クロスバイクとロードバイクはほぼ仏式。

LOCK
カギ

寄り道するなら絶対に持っていきたい

種類の豊富なカギだが、まずは長めで太さもあるワイヤーロックを用意しよう。駐輪場に駐車するなど停車時間の長いときには、頑丈なものを。カギをかけるときは、ホイールとフレームを一緒に施錠する。仲間の自転車やバイクラックなども一緒に繋げられればさらに防犯性が高まる。

ワイヤーロック

ホイールとフレームの両方を通し施錠できる長さが必要。簡単には切れない太さと携行性を兼ね備えているものが理想的だ。

U字ロック

ワイヤーロックよりも施錠できる範囲は狭いが、カットされにくく、比較的頑丈。自転車とラックを繋ぐときなどに活躍する。

駐輪するときの正しいカギのかけ方

フレームとホイールはまとめて施錠。また、2つ以上のカギを使い、柱やラックなど動かないものとも絡めておくと盗難防止効果は高まる。

CYCLE COMPUTER
サイクルコンピュータ

時速や走行距離など走る楽しみを視覚化できる

時速や距離計測を目的としたシンプルな機能のものから、ペダルの回転数、GPSを介してコースや勾配、心拍数などのデータを記録するハイスペックモデルまで揃う。スポーツとしてサイクリングを楽しむなら持っておくといい。頑張ったことが記録され視覚化できるので楽しいし、モチベーションにもつながる。

GPS付きサイクルコンピュータ

GPS付きは情報量豊富な走行データが取れる。また、スマホと連携してアプリでデータ公開するなど楽しみ方が広がる。

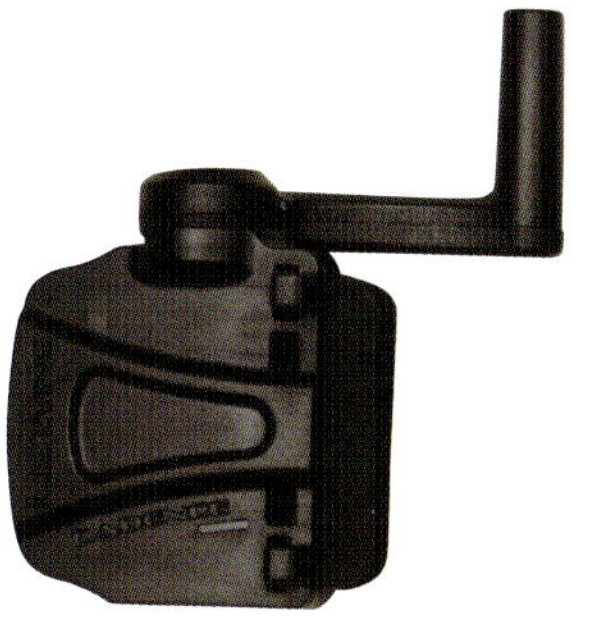

スマホケースを使ってスマートフォンも運用

サイクルコンピュータと同様の機能をもつスマホ用アプリもある。スマホを防水機能付きのケースなどに入れてハンドルにつけて活用しよう。

BELL
ベル

実際の使用頻度は低くても転ばぬ先の杖

軽快車には当然のごとく装備されているベルだが、レース機材であるロードバイクや、一部のクロスバイクには標準装備されていないことがある。実際にベルを使う場面は日常的ではないが、装備として必需品なので、バイクのイメージに合うものを選び取り付けよう。

ベル

スポーツ自転車にはライトなどハンドル周りに取り付けるものが多いので、スポーツ自転車への装着を考慮したベルがおすすめ。

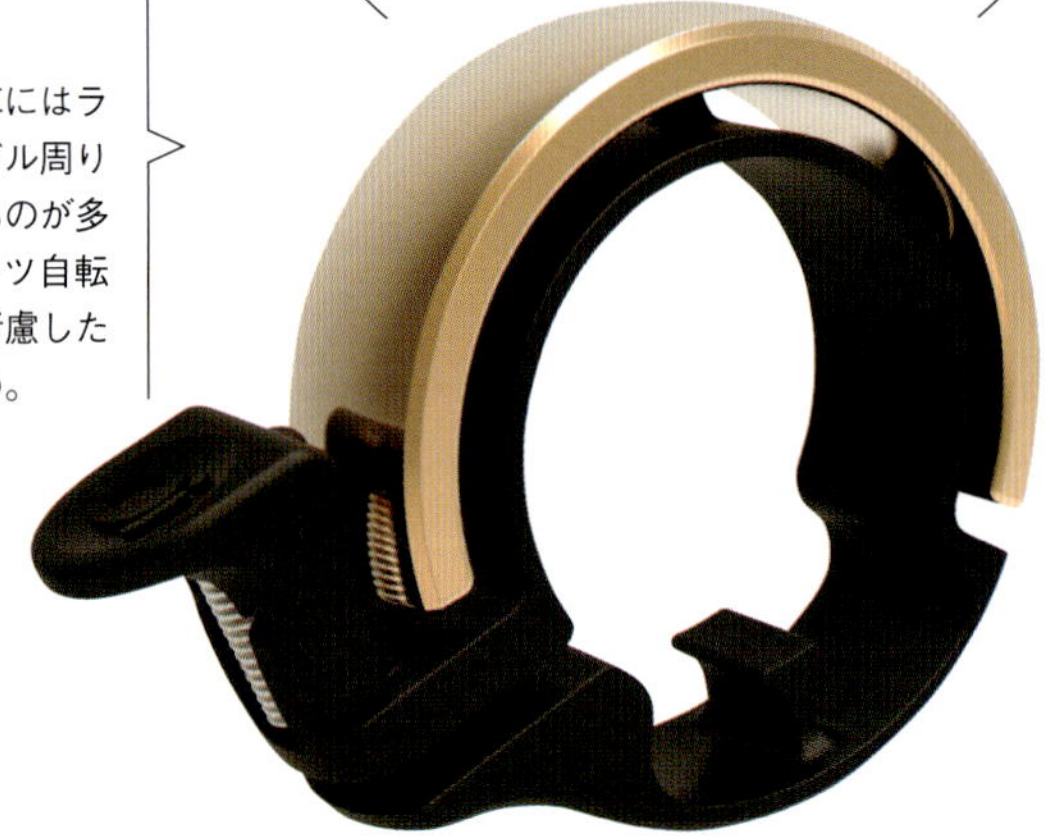

ベルの装着は決まったルール

自転車のベルは、各自治体の条例などでは警音器として装備が義務付けられ、「警笛鳴らせ」の道路標識がある場所で鳴らす必要がある。

SADDLE BAG
サドルバッグ

サドル下に取り付けて携行品を優しく包み込む

サドル下のシートポストに装着して使用するサドルバッグ。パンク修理に必要な予備チューブやタイヤレバー、パンク修理キット、携帯工具などの収納におすすめ。コンパクトなものから大容量なものまでサイズが選べるだけでなく、工具なしで取り外しできるものやリアライトがついているもの、ウォータープルーフのモデルなど、種類も豊富。

ナイロン製のサドルバッグは耐久性に優れている。防水加工を施してあるようなものもあるので、使い方に応じてチョイスしよう。

サドルバッグは大小使い分けよう

普段は小さな容量で一通り収納できる人も、例えばロングライドなどで補給食や防寒着を入れたり、チューブを2本持つ場合は大きいサドルバッグを選ぶ。携行する荷物量に合わせて使い分けよう。

クラシックなスタイルの自転車にはレザーや帆布のような素材を使ったサドルバッグをコーディネートすると、より愛着がわくというもの。

CHEMICAL
ケミカル

- **A チェーンオイル**
  チェーンの動きを滑らかにする。
- **B パーツクリーナー**
  油汚れを落とす洗浄剤。
- **C グリス**
  高粘度の潤滑油。
- **D 防錆スプレー**
  錆を予防するためのオイル。
- **E 合成洗剤**
  泥などの汚れを落とす。水と使う。

自分でできる定期メンテナンスに

大切に乗っている自転車でも、走り続ければねじのゆるみや部品の摩耗、故障などが起こるし、汚れやサビが出ることもある。自分でこまめにメンテナンスすることが、愛車のエイジングを抑える。そのためにも必要なケミカルを揃えつつ、できるメンテナンスを増やしていこう。とくにチェーンは汚れを落として注油をすると、自転車全体が輝き、走行感が軽くなるはず。

チェーンオイルには大きく2種類がある

チェーンの摩擦抵抗を抑えてペダリングを軽くするチェーンオイルには、1滴ずつリンク部分に付けられるボトルタイプと、広範囲にシュッと塗布できるスプレータイプがある。

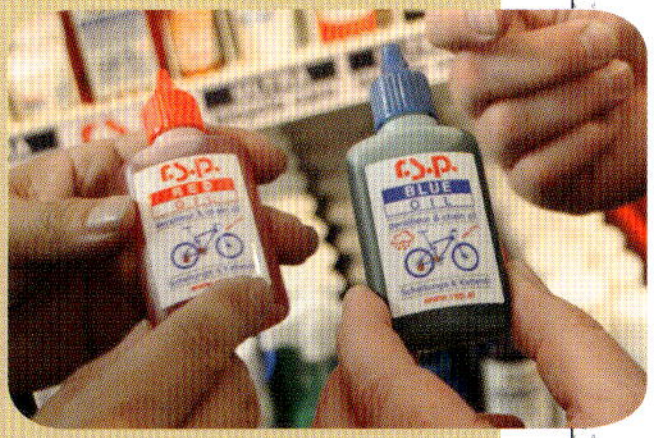

FENDER
泥よけ

シートポストに装着する簡易的なものから、ダボ穴にねじ止めして固定するタイプまである。プラスチック製のものが手軽で、取り付けも容易。

土ぼこりや泥はねといった不快なお尻の汚れに対応

後輪の泥や水の巻き上げを抑える泥よけ。マッドガードとも呼ばれる。スポーツ自転車には泥よけが付属しないタイプが多いが、後付けでシートポストに取り付けることができる製品がある。これがないと、水たまりの上を走行すると泥水でお尻から背中まで泥だらけになってしまうので、悪天候に備えておくと良い。

雨の日には必ず付けたい

雨の日に走ると、後輪からの泥の巻き上げにより衣服を汚してしまう。通勤などで乗るときは、突然の雨に備えて着脱可能なタイプを用意したい。

Part1
08
サイクルウェアの種類と特徴

スポーツ自転車、とくにロードバイクに乗る際は空気抵抗を抑えたサイクルウェアが快適。どんな種類があるのか、紹介していく。

サイクルウェアを選ぶ理由とは

普段着でももちろん自転車には乗れる。だが、ロードバイクの快適な走りを考えるとサイクルウェアが最適だ。

走行中に風を受けても抵抗になりにくいよう、体にフィットする設計になっている。汗を素早く吸収し、外気へ逃がし、ドライに保つ機能にも優れている。

天候や気温に応じていろいろな種類のサイクルウェアが用意されているので、季節にかかわらず、体温を一定に保ち快適にサイクリングができる。

最初は慣れないフォルムに抵抗があるかもしれないが、走りこなせてくると快適さが実感できるだろう。一方、クロスバイクには普段着で乗る人も多い。

JERSEY

サイクルジャージ

冬用の長袖ジャージ

乗車姿勢に沿う立体設計。走り出すと体感温度が大きく変わるので、インナーには半袖ジャージやアンダーウェアを着て体温を調整。

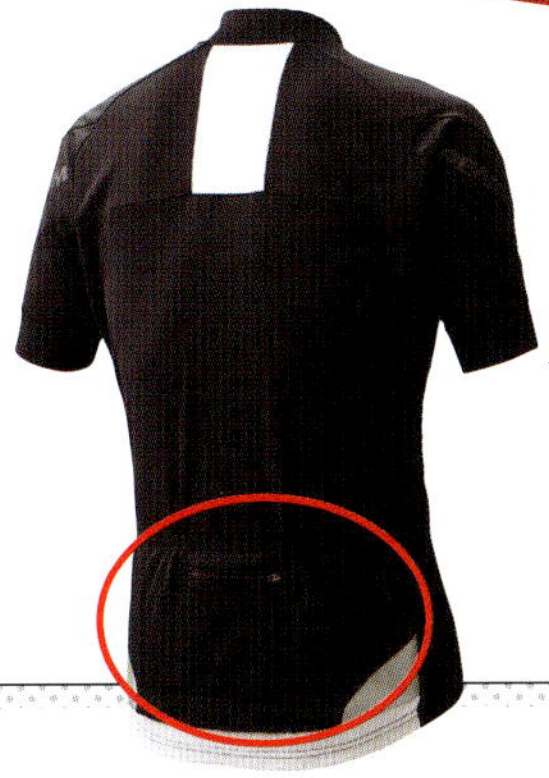

前傾姿勢のため、サイドにポケットをつけると中身が落ちてしまう可能性がある。そのためサイクルジャージのポケットは背面にある。

春夏秋冬、体温を保つサイクルジャージ

背中にポケットがついていて、携帯ツールや補給食、ウインドブレーカーなどを収納することができる。自転車に乗った前傾姿勢で快適に動ける設計なので、前身頃より後ろの裾が長めになっている。夏には涼しく吸汗速乾性に優れたジャージ、冬は風を通さないがムレないように汗を発散させるジャケットと、気温によって選ぶと良い。

PANTS

サイクルパンツ

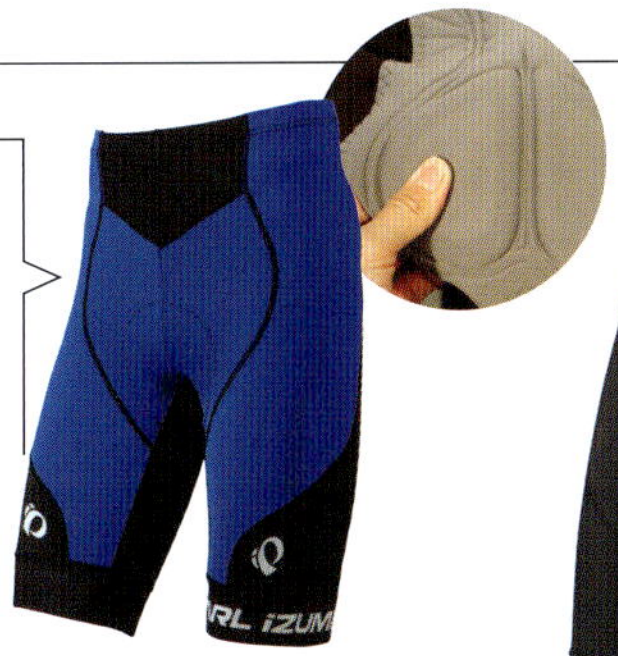

ショーツ

初心者向けのサイクリングショーツ。下着の代わりに普段着の下にはけるアンダーショーツタイプもある。

ビブショーツ

サロペットタイプのビブショーツは腹部を圧迫しないので愛用者が多い。ただし用を足すときは脱ぎにくいので慣れが必要。

タイツ

足首までカバーしたタイツタイプは気温の低い時に着用するもの。UVカット機能をもったフルシーズン用もある。

パッド命のサイクリングショーツ

サイクリング用のショーツはタイトにフィットし、ペダリングがしやすいように伸縮性に優れた素材を用いている。最大の特徴はパッドが配置されていること。このパッドのおかげで、長距離を走ったときでも局部への負担を減らすことができる。サドル選びとともにパッド選びも重要である。

COVER
アームカバー レッグウォーマー

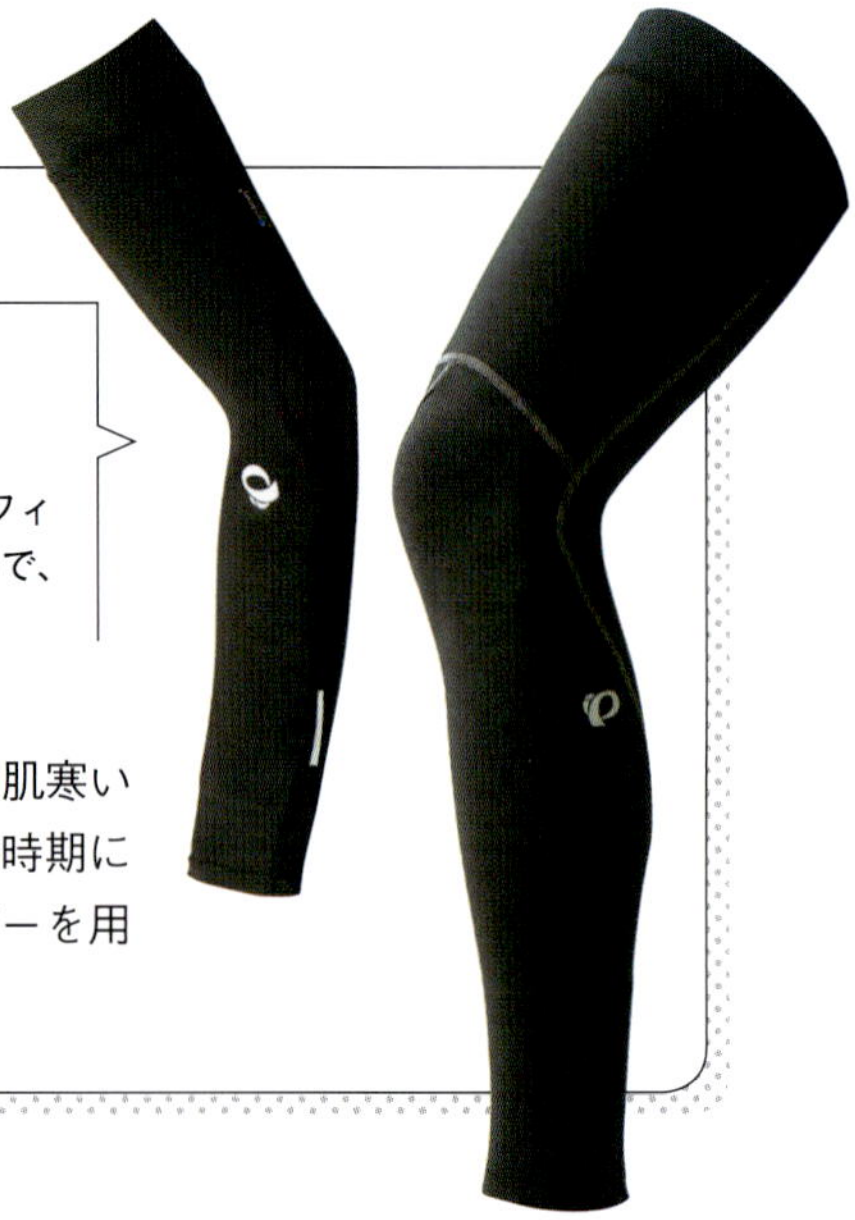

アームカバー(左)&
レッグウォーマー(右)

腹巻きのような筒型で、足や腕にフィットする設計。脱ぎ着が簡単なので、簡単に体温調整ができる。

簡単に体温調整ができるアイテム

肌寒いときにジャージに重ねて使うと重宝するアームカバー。気温が上がったら簡単に取り外すことができ、背中のポケットに収納できる。春先と秋口にはポケットに忍ばせておくといい。レッグウォーマーも同様で肌寒いときに着用する。また、紫外線の強い時期にむけてUVカットを施したアームカバーを用意しているメーカーもある。

GLOVE
サイクルグローブ

指切りとフルフィンガー

指先がないオールシーズン用の指切りタイプ(左)と、冬用のフルフィンガー(右)。季節や気温を問わずグローブは必ず着用しよう。

衝撃吸収で疲れを軽減

オールシーズン用に指切りグローブ、気温が低いとき用にフルフィンガーのグローブと2種類を持っておくといい。クッション性がありハンドルを握る手の疲れを軽減するだけでなく、転倒で手を着いたときなどは緩衝材になってくれる。また低温時は指先が非常に冷えるので、冬用のグローブは必ず持っておこう。

SOCKS
ソックス

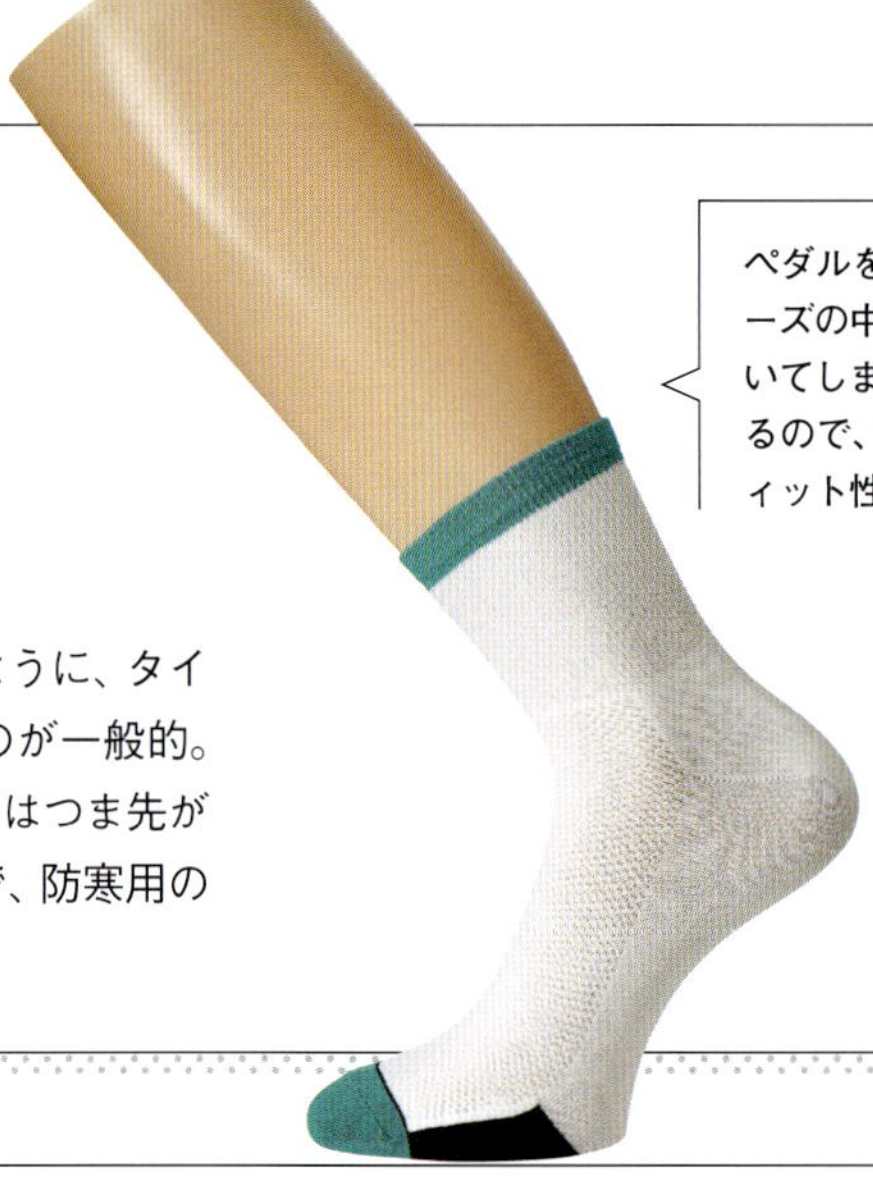

ペダルをこぐのに、シューズの中でソックスが動いてしまうと違和感になるので、サイズ選びやフィット性も重要。

サイズ選びも重要

サイクリング用のソックスは足首までの長さのものが多い。フルシーズン用は生地が薄手で、通気性がよい。シューズの中でよれたりずれたりしてシワができないように、タイトに作ってあるのが一般的。冬のサイクリングはつま先が非常に冷えるので、防寒用のソックスもある。

WINDBREAKER

ウインドブレーカー
レインジャケット

ウインドブレーカー

サイクル用のウインドブレーカーは、体へのフィット感だけでなく持ち運びも考慮されている。小さくたためばジャージのポケットに収まる。

レインジャケット

水をはじくレインジャケットは、急な雨や気温変化に対応するためにも持っておきたい。コンパクトに携帯できるものも多い。

風や雨から体を守る

ウェアが濡れると一気に体温を奪っていく。夏場の雨でも、とても冷えることがあるので、ウインドブレーカーは一年中持つことをおすすめしたい。峠道や人里離れた場所に行くときはとくに万全な準備を。レインジャケットは厚手で雨を通さない生地でできているため、ややかさばるが、濡れづらいのはメリット。

EYEWEAR

アイウェア

初心者であれば、裸眼感覚で着用できる透明レンズのものを選ぶのがおすすめ。交換用のレンズが色違いでセットになっているものも多い。

透明レンズがおすすめ

紫外線量でレンズの濃さが変わる調光や、光の屈折を変えて視界をクリアにする偏光レンズなどの高機能レンズの普及に伴い、アイウェアを着用することで快適な視界が確保できるようになった。強風による視界不良の改善や、目に異物が混入するのも防止してくれる。さらに割れにくいレンズを採用したものは、落車時に目を保護する役割も果たす。

BACKPACK

バックパック

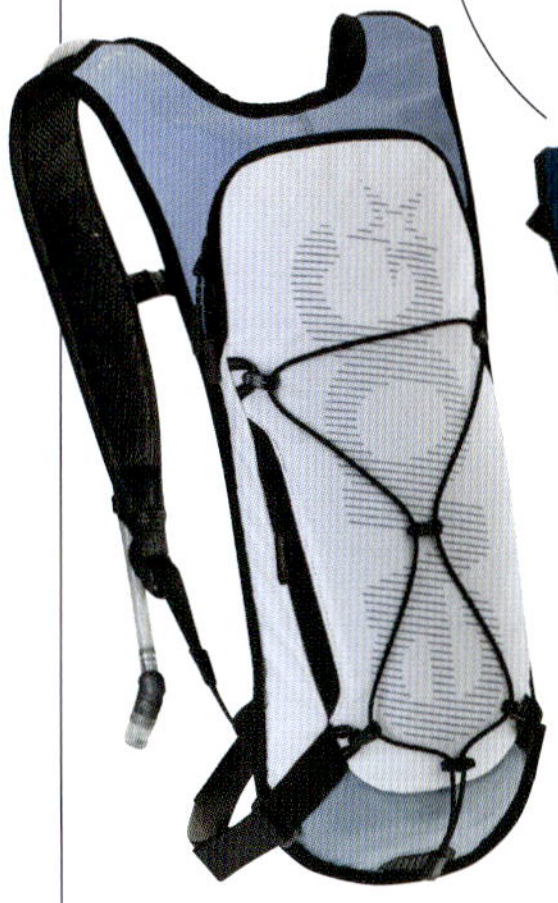

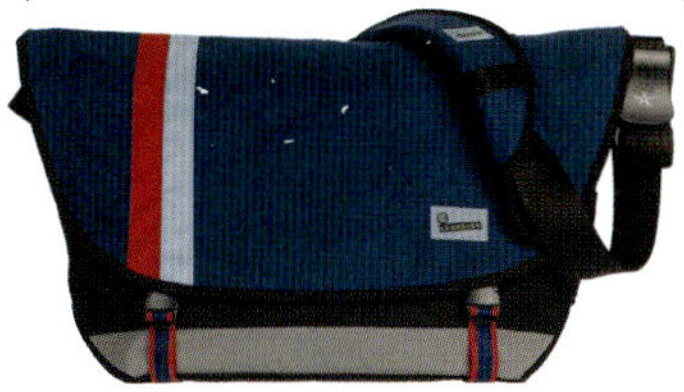

メッセンジャーバッグ

ショルダータイプのバッグは、乗車したままバッグの開閉がしやすく街乗り向き。片方の肩に荷重がかかるので長距離には不向き。

背中に背負うタイプを

自転車に乗るときのバッグは、背中に背負うバックパックタイプが一般的。乗車中にバッグが浮いたりずれたりするとストレスになるので、背中にしっかりホールドさせよう。また、大きなバッグに大量に荷物を入れて持つと、腰に負担がかかり、痛みが出ることもある。背負うなら20L以下の小型なものを選ぶとよい。

Part 1
09 ビンディングとは?

スキーのブーツと板を固定するように、ペダル（バネ）の力で専用のシューズとペダルを固定。それによって足の力を最大限に利用できる。

一定のフォームでより効率よく走れる

ビンディングとは、バネの付いたペダルと専用シューズの裏に取り付けるクリートを合わせ、ペダルとシューズを固定するシステム。足とペダルを固定させることで、クランクを速く、力強く回転させることができる。通常のスニーカーでペダリングをする場合、時計でいう6時から12時の位置にペダルが持ち上がるのは、もう一方の足で12時から6時の方向に踏む力があるからだ。ビンディングの場合はその力だけでなく、ペダルを上に引き上げる力(引き足という)を使うことができるので、より効率よく走れるというわけだ。またペダルから足がずれることがなく、一定のフォームでペダリングできるのもメリットだ。

このペダルとシューズを固定する仕組みには古い歴史があり、ビンディングが一般的になる前は、トークリップと呼ばれるシステムを用いていた。これは、ペダルにクリップとひもをつけ、クリップに通したひもでシューズをくくりつける方法。トークリップの場合、ペダルから足を離すためには、走りながらひもをゆるめる必要があった。そのため急停止の際などにペダルから足を外す動作が間に合わず、転倒してしまうことが多々あった。

その頃は、ロードバイクを本格的に始めるとなると、このトークリップの使用が必須で、比較的高い技術を必要とした。今のようにロードバイクが一般的でなかった理由のひとつに、このトークリップの存在があっただろう。

現在は、スキーブーツと板の技術を応用したビンディングペダルの利用が定着している。

ビンディングペダルの種類

ビンディングペダルにはおもにロードバイク用とMTB用の2種類がある。
どんな違いがあるか紹介する。

ロードバイク用 ビンディングペダル

・シューズ

空気抵抗を考慮したスポーティなシルエット。軽量で、通気性に優れるアッパー、硬質なソールを組み合わせている。ペダリングに特化しているので歩行は考慮されていない。

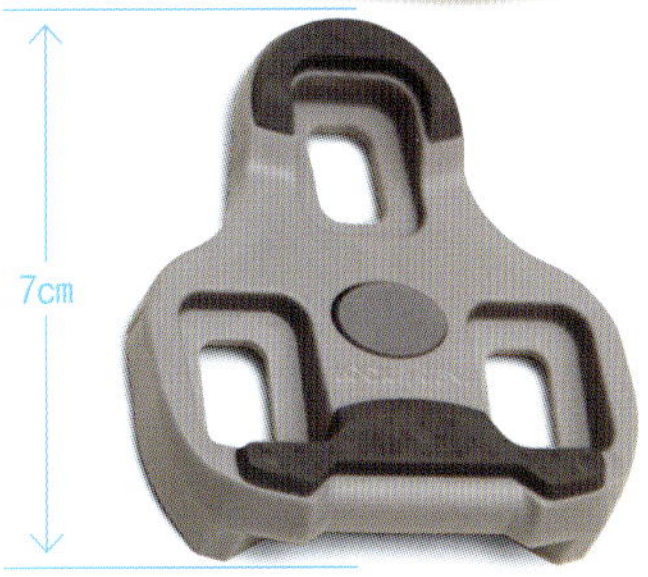

・クリート

複数のメーカーが独自のビンディングシステムを作っており、それぞれ互換性がないものが多い。LOOK規格と呼ばれる3つ穴のものが多くのシェアをもっている。

・ペダル

ペダル側に溝があり、シューズに取り付けたクリートをキャッチする構造。ほとんどのペダルが、クリートをキャッチする面は片面のみである。

大きなクリートで 足とペダルをしっかり固定

クリートが大きく、ペダルと「面」でしっかり固定できるため力が入りやすく安定感がある。ソールにクッション性はなく、クリートをつけた状態では歩きにくい。歩行時にクリートやソールを傷めてしまうので、街乗りや歩行時間の長いサイクリングには不向きだ。レースなど本格的に乗りこなしたい人向け。

MTB、シティライド用 SPDペダル

・シューズ

スニーカーのような外観で歩きやすく、カジュアルな服装にも合わせやすい。SPDタイプのペダルに対応しており、裏には2カ所のボルト穴がもうけられている。

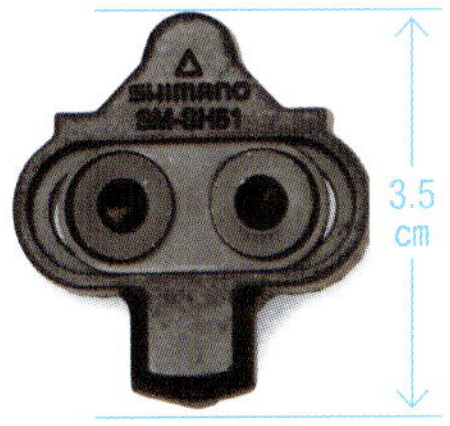

・クリート

クリートは小型で、金属製（まれに樹脂製もある）。コンパクトなので、ソールの下に隠すことができるなど歩きやすさを考慮した設計だ。

・ペダル

クリートをキャッチするバネとツメをもつ。パチンという音とともにクリートをキャッチ。両面にキャッチ面があるものと、片面がフラットペダルになっているものがある。

クリートが出っ張らず 歩きやすい構造

SPDペダルはクリートが小さく、シューズの裏の凹んだ部分に取り付けるため、出っ張りが少ないのが特徴。自転車から降りても歩きやすいので、通勤や立ち寄りが多いときでも使いやすい。MTB用ペダルとも呼ばれるが、クロスバイクやロードバイクでも使える。

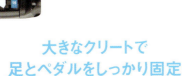

Part 1
10 普段着で乗るときの注意点

自転車に乗るときのスタイルに決まりはないが、選ぶ洋服で走行時の快適性が変わってくるのでポイントを押さえておこう。

丈の短い上着だと背中が出てしまうことも

軽快車よりも前傾姿勢を取るため、丈の短い上着だと背中が見えてしまうことも。見た目に良くないだけでなく、身体が冷える原因にもなるので長めの丈のものを選ぼう。

パンツの裾の汚れ防止には裾バンドの着用を

スポーツ自転車にはチェーンカバーがついていないため、裾がチェーンに触れて油汚れがつくことがある。汚れそうな場合は、裾バンドを使うか裾をまくるなどの対処が必要。

ボリュームのある洋服は空気抵抗を受けやすい

ゆったりとした上着は風圧が抵抗となり、走行に余計な負担をかけてしまう。また、コートなど裾が長いものやマフラーは後輪に絡まる可能性もあるのでおすすめできない。

バッグやビニール袋をハンドルにかけるのは危険!

トートバッグのような肩掛けや、スーパーのビニール袋をハンドルにかけて走るのは厳禁。前輪に引っかかって転倒する可能性が非常に高く、ブレーキのタイミングも遅れてしまう。

スポーツ自転車に適したものを選ぶなら

通勤や街乗りでクロスバイクに乗るなら、普段着の人が多いだろう。

自転車に適したパンツの理想は、伸縮性にすぐれ、裾がしぼれている形のもの。スウェット素材で裾にゴムのあるものなどが使いやすい。さらに、汗をかくと生地に水分が残ってしまうので、速乾性のあるものが最適だ。上着に関しては、化学繊維を用いた通気性の良いスポーツタイプのインナーを着用するのがおすすめ。コットン素材は汗の吸着はよいが乾きにくいため、体を冷やしてしまう。天然素材を着用するときはとくに、スポーツインナーを活用したい。

長距離サイクリングやイベントなどで乗る場合は、クロスバイクでもサイクルウェアがおすすめだ。

Part 2 | 実践編

スポーツ自転車とともに出かけよう!

お気に入りの一台が見つかったら、早速サイクリングに出かけよう。
ここでは、自転車で一般道を走るときのルールから、
スポーツ自転車に乗るときのコツ、ギアチェンジのポイントまで、
自転車通勤をはじめたい人へのスタートガイドを紹介。

Part2

01

自転車の交通ルール

スポーツ自転車に乗るなら、必ず知っておきたい交通ルール。
自転車だけでなく、歩行者もクルマも安全に利用できる道路環境をつくりたい。

自転車は車道が原則!

道路交通法では、自転車は「軽車両」とされ、車道を走ることが原則。歩道に「普通自転車歩道通行可」の標識がある場合、また13歳未満の子どもや70歳以上の高齢者などが運転しているとき、道路工事などやむを得ないと認められるときなどは、歩道の車道よりを徐行で通行できる。

スピードを出しやすい スポーツ自転車は要注意

自転車はルール上、軽車両に分類され、車道を走ることが原則。近年は、自転車道や専用レーンをつくる、自転車ナビラインの表示をつけるなどで通行空間を整備する動きも進んでいる。とはいえ通行可能な歩道があるのが一般的で、状況に応じて走る場所を選んでいるサイクリストも多いだろう。

通行可能な歩道を走ることは違反ではないが、徐行義務があるため、高速で走行して歩行者を妨害することは違反にあたる。スポーツ自転車はとくにスピードが出やすいので、「車道が原則、歩道は例外」を念頭に置いておこう。

また車道での逆走は、クルマと正面衝突する恐れがあるため非常に危険。目的地が道路の右側にあるときなどにやりがちなので、その場合は歩道で徐行運転をするなど徹底的に逆走を回避すべき。

自転車での危険行為には、道路交通法上で罰則も定められている。無灯火運転や携帯電話運転、両耳をふさいだイヤホーン運転はついついやってしまいかねないが、命にかかわる事故にもつながる。自分が歩行者やクルマを運転する側になることも考慮し、自転車の安全運転を心がけたい。

手信号の活用

右折など進路を変える、また停止するときには、クルマに対し手信号による合図を必要とする。クルマを運転するときのためにも覚えておこう。

左折

右ひじを垂直に曲げる

左折する30m手前あたりで右腕のひじを垂直に曲げる。もしくは左腕を水平に伸ばす。

右折

右手をまっすぐに伸ばす

右折する30m手前あたりで、右腕を車体の右側に向かって水平に伸ばす。

徐行・停車

後ろに手のひらを向ける

徐行、停車のタイミングで、右手のひらを後ろに向けて、斜め下にまっすぐ伸ばす。

走行注意

注意ポイントに指をさす

落下物があるなど路面に危険がある際に、右手を斜め下にまっすぐ伸ばしポイントを指し示す。

子どものヘルメットは着用の義務あり

13歳未満の子どもが自転車に乗る際は、ヘルメットを着用するように努めなければならないというルールがある。命を守るアイテムなので、ルールの有無にかかわらず、全員が着用することが望ましい。

危険なルール違反

自転車で道路を走る際に、危険行為とみなされる行為がいくつかある。この危険行為には罰則もあるためしっかり頭に入れ、安全運転を心がけよう。

2台以上の並走

他の自転車と並んで通行する「並進通行」は禁止。並進通行では会話をするなど周囲への意識が薄れがちになってしまう。ただし、並進可の標識がある道路では2台まで並んで通行できる。

二人乗り

運転者以外の者を乗車させてはいけない。ただし、16歳以上の運転者が幼児用座席のある自転車に6歳未満の幼児1人を、幼児2人同乗用自転車なら幼児2人を乗車させることは可能。

車道での逆走

自転車で車道を通行するときは、クルマと同じ左側通行となる。右側を通行する逆走はルール違反なだけでなく、事故の原因になる。命に関わる危険行為なので、絶対にやめよう。

酒気帯び運転

言うまでもなく、お酒を飲んで自転車を運転することは、クルマ同様に違法行為となる。飲酒時には正常な判断ができないため、飲酒運転では大きな事故につながりやすい。

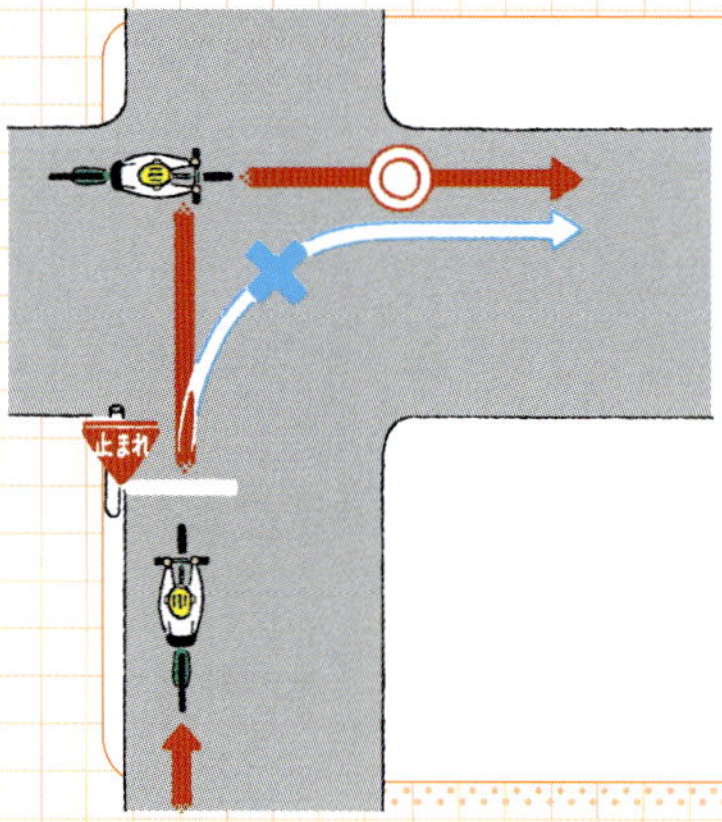

交差点での小回り右折

交差点での右折は、原動機付自転車と同様に二段階右折が基本。できるだけ道路の左端に寄って交差点の向こう側までまっすぐ進み、十分に速度を落として曲がらなければならない。

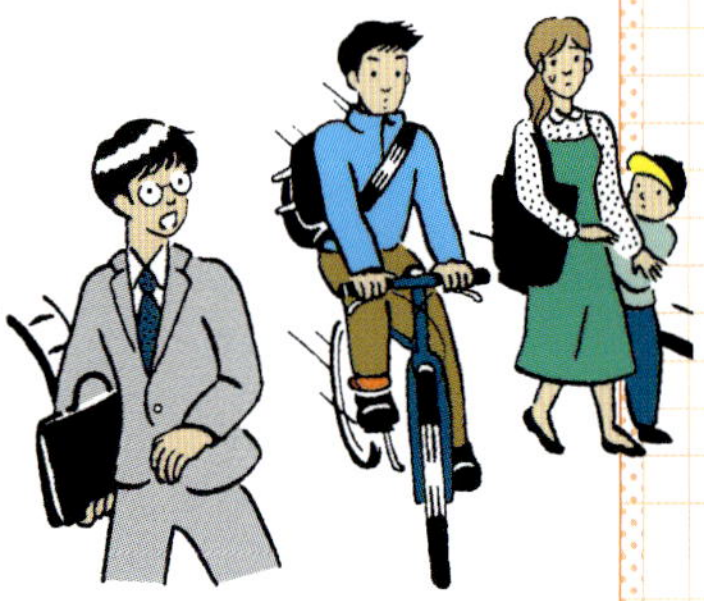

歩行者妨害

歩道で歩行者を妨害する行為は危険行為とみなされる。自転車は歩道の中央から車道寄りの部分を徐行しなければならず、歩行者の通行を妨げるときは一時停止しなければならない。

夜間の無灯火

夜間の走行時には、前照灯（フロントライト）の点灯が義務づけられている。法令などで、前照灯は白か淡黄色で、夜間に前方10mの距離にある障害物が確認できるものとされる。

違反行為で切符を切られることも

右記のような危険行為をした場合、「自転車指導警告カード」（一般的にはイエローカードとも言われる）をもらうことがある。また、危険行為のために事故を起こした場合、危険行為の警告を無視する、逃走するなど悪質な危険行為と判断されて検挙された場合には赤切符が交付される。この赤切符をもらう行為を、３年以内に２回以上繰り返すと、自転車運転者講習の受講命令が出る。ちなみに、自転車指導警告カードはカウントされない。乗り方を間違えると凶器にもなるので、ルールを守って安全運転を心がけたい。

危険行為を
２回以上検挙されると

危険行為のいずれかをして検挙される、もしくは危険行為をして事故を起こすということを３年以内に２回以上繰り返す

↓

自転車運転者講習の受講命令が出る

↓

３ヶ月以内に自転車運転者講習を受講する義務

命令を無視して受講しないと

↓

５万円以下の罰金

携帯電話のながら運転

自転車を運転しながら携帯電話を手で持って通話したり、メールをするなどの操作は禁止。歩行中の操作でも危険なため、スピードのある自転車では違反行為となる。

傘さし運転

傘を差す、物を持つなどの行為で視野を妨げたり、安定を失うような方法で自転車を運転してはいけない。とくに雨天時などは路面が滑りやすいので思わぬ大事故につながることもある。

イヤホーン運転

イヤホーンなどを使用して音楽を聴くなど、運転上で必要な音や声が聞こえない状態で自転車を運転することは禁止。どうしても注意力が落ち、周囲への意識が散漫になってしまうので避けよう。

ほかにも……

- 信号無視
- ブレーキ不良自転車運転
- 遮断踏切立ち入り
- 一時不停止

……など

※このほかにも、各自治体においては自転車利用に関し、条例により細かく規制しているところもある。

Part2

02 スポーツ自転車の乗り方

スポーツとして自転車に乗るなら、覚えておきたい基本のポイントがいくつかある。覚えておくと、より快適に、より速く走ることができるだろう。

スポーツ自転車ならではのちょっとしたコツ

スポーツ自転車の乗り方といっても、軽快車とスポーツ自転車で乗り方に大きな差があるわけではない。ペダリングをする、ブレーキをかけるといった一連の動きはまったく同じだ。とはいえ速く走る、または快適に長距離を走ることを目的としたスポーツライドの場合は、乗り方にちょっとしたコツが必要となる。

ここでは、スポーツを目的に自転車に乗るためのハウツーを紹介する。自転車のまたぎ方からこぎ出し、ハンドルの握り方、ブレーキのかけ方などは普段何気なく行っているかもしれないが、間違った乗り方で体や機材に負担をかけている可能性もある。無意識でやっている行為があれば、改めて確認しておこう。

またぎ方

**スポーツ自転車の多くはトップチューブが水平に伸びているので
軽快車とはフレームの形状が異なる。まずは、またぎ方からおさらいしよう。**

停車中の姿勢

サドルから降りて フレームをまたぐと安定

軽快車に比べてサドル位置が高いスポーツ自転車。サドルに腰をかけたまま停車姿勢をとると、つま先しか地面につかず安定しない。停車するときはサドルから腰を降ろし、トップチューブをまたいだ状態で足をつこう。この姿勢からなら信号待ちなどでも、こぎ出しがしやすい。

01 自転車の進行方向の左側に立つ

自転車にまたがったり押して歩く際は、自転車の進行方向の左側に立つのが基本。左側通行の日本では乗り降りしやすい。

02 ブレーキを軽く握り自転車を安定させる

ハンドルを握り、自転車が動かないようブレーキを軽く握る。右足を上げ、サドルを超してトップチューブの上にまたがる。

03 ペダルに足をかけて走り出す

ペダルを足の甲を使って回し、踏みやすい位置まで回転させる。クランクが地面と水平になる位置にくれば走り出しやすい。

軽快車と比べると、クロスバイクやロードバイクはあらゆる面において反応がいい。例えばハンドル操作にしても、ペダルのひと踏みにしても、ブレーキをかける動作にしても、よりクイックに反応してくれる。それに伴ってスピードも出しやすいので、軽快車とはひと味違うスピード感覚で走ることができる。

軽快車との違いを維持できるスピードで考えてみると、軽快車でがんばって走った場合、時速は20kmほどになるが、対するクロスバイクは25km、ロードバイクなら28kmほどとなる。もちろん、熟練すればスピードをもっと上げることもできる。ちなみに、プロロードレーサーは40km以上のスピードで1時間近く走行することもできるという。

スポーツ自転車は、そういったスピードが速い状態でも安定して走れる設計になっている。その特徴を知った上でいろいろな乗車スキルを磨き、よりスポーティな走りを楽しもう。

こぎ出し

**走り出すときはトップチューブにまたがった姿勢からペダルに足を乗せ
体重をかけながらペダルを踏むと楽にこぎ出すことができる。**

01 停車姿勢からスタート

トップチューブにまたがった姿勢から、足をペダルに
かけてクランクをこぎ出しやすい位置に移動させる。

02 サドルにお尻を乗せる

ペダルに足をのせ、軽くサドルに腰をかける。

03 ペダルに体重を乗せる

ペダルを踏み出す瞬間に立ち上がる。ペダルに体重を乗せると楽に加速できる。ギアが重すぎても軽すぎてもふらつくのでハンドル操作にも注意。

04 ペダリングを続ける

2～3回立ちこぎをして、スピードに乗ったらサドルに
座ってペダリングを続けよう。

いわゆるケンケン乗りはNG

街でよく見かける自転車の乗り方で、片足をペダルに乗せ、ケンケンと足で地面を蹴飛ばし勢いをつけて自転車に乗る方法がある。これは、ボトムブラケット（クランクの軸の部分）に負担をかけやすいのでおすすめできない。軽快車でケンケン乗りをしていた人がスポーツ自転車に乗り換えたばかりのときにやりがちなので、注意しよう。

ハンドルの握り方

走行時には、コントロール、ブレーキング、シフティング（変速）
という３つのハンドル操作を同時に行うことを意識しよう。

・クロスバイク

グリップだけでなく常にブレーキに手をかけておく

左右のグリップをしっかりと握る。街中では常にブレーキに指をかけておき、即座にスピードコントロールができるようにしておこう。腕は力まずにリラックス。

・ロードバイク

ブラケットを握りブレーキレバーに指を添える

ドロップハンドルの場合は左右のブラケット部分を握り、ブレーキレバーに軽く手を添える。腕には力を入れすぎず、力みをとる。

ブレーキのかけ方

ブレーキをかけるときにはハンドルバーをしっかり握りつつ、
人差し指と中指の２本でブレーキレバーを引くのが基本。

・クロスバイク

人差し指と中指でブレーキレバーを引く

ブレーキをかけるときは、人差し指と中指の２本でブレーキレバーを引く。一気にギュッとかけると急ブレーキになり、ホイールがロックすることもあるので危険。「じわっ」「ぐ～っ」と引き寄せるイメージで、じっくり両手のブレーキレバーを引こう。

・ロードバイク

基本操作はクロスバイクと同じ

ドロップハンドルでも、２本の指でブレーキをかけるのが基本。クロスバイク同様、じっくりとブレーキレバーを引く。日本仕様では、右ハンドルにフロントのブレーキレバーが、左ハンドルにリアのブレーキレバーが付いている。

基本の乗車姿勢

**自転車と人との接点は「3つのル」、サドル、ペダル、ハンドルである。
この3点に荷重を分散させることで乗車姿勢を保つ。**

POINT 1

SADDLE
サドル

骨盤を支えるイメージ

サドルに「座る」というより、サドルで骨盤を「支える」イメージ。ペダリングをしているときはペダルに荷重がかかるので、どっかり座っている感じはない。

POINT 2

PEDAL
ペダル

「踏む」ではなく「回す」

ペダルは踏むものではなく回すものと考えよう。ペダルの回転数を保つために、スピードに合わせてギアを最適な範囲にして回し続ける。

POINT 3

HANDLE
ハンドル

添える程度のイメージで

スポーツ自転車のフォームは前傾姿勢なので、自然とハンドルに荷重がかかる。荷重をかけようと意識すると力んでしまうので、添えるくらいのイメージをもつのがよい。

体重を「3つのル」に分散させる

サドルとハンドルには体の上半身の荷重がかかる。荷重のバランスは上体の傾斜加減で変化するので、よりスポーティな前傾姿勢のロードバイクよりも、上体が起きた姿勢のクロスバイクのほうがサドルへの荷重が増える。

下半身の重さは、おもにペダルが支えている。ペダルに足をのせている分サドルにかかる負担は軽減されるのだ。このようにスポーツ自転車はサドル、ペダル、ハンドルの「3つのル」に体重を分散できるので、長時間の運動も快適に行える。膝への負担は歩行時よりも少ない。

腕は力まず、膝はまっすぐに

基本の乗車姿勢では、前から見たときに、左右対称にバランスがとれているのが理想。体の軸が中央にあることをイメージしよう。

どちらかに体が曲がっていると、故障や痛みの原因にもなるので体幹を使って良い姿勢を保てるようにしたい。また、腕や膝、足の向きにも注意。ペダリングでは、ペダルを回す足の力が自転車を前に進める推進力となるが、左右の方向にぶれると力のロスになってしまう。

良い姿勢を身につけることが、速く長く、快適に乗るための第一歩となる。

ガニマタ、つま先の向きに注意

腕は力んでピンと伸び、膝はがに股、足首も外側に向いている。この姿勢ではハンドル操作やペダリングの効率が非常に悪い。また、がに股では下半身の重さをペダルにしっかり乗せることができないため、腰に負担がかかる。

腕はリラックス 足はまっすぐに下ろす

腕は軽く曲げる程度で、足はペダルと平行に置かれ、膝も正面を向いている。前から見たときにこの姿勢がとれていればOK。自転車ショップなどの鏡を使ってチェックするか、スタッフに見てもらうといい。

ペダリングの方法

**ペダルを回すという動作は誰にでもできるが、突き詰めると、とても奥が深い。
ここでは、ペダルが１回転する間に起きていることを紹介しよう。**

12時の位置を境に脚の力が推進力となる

ペダルのもっとも高い位置（12時方向）を境に、脚の力が推進力となる。ペダルを前に押し出すイメージで。

9時方向からは足を引き上げる

この位置でペダルに脚の荷重がかかっていると、力が推進力になるどころかもう一方の脚の負担になってしまう。ハンドルめがけて足を引き上げるイメージで荷重を抜こう。

円を描くイメージでペダリングする

ペダルは「踏む」と表現することがあるが、効率のよいペダリングを考えると「回す」が正解。力の入れどころ、抜きどころを念頭においてペダリングしていると、無意識にできるようになる。

3時～6時の位置でもっとも脚力を発揮

ペダルがこの位置にあるときもっとも脚力を発揮できる。踏むというよりスッと力を入れるイメージで、脚の重さと脚力を使ってペダルを回そう。

6時の死点からペダルを引くように回す

死点（力を入れられない部分）の最下部は6時方向だ。そこからは靴底の泥を擦り落とすようなイメージで、ペダルを後ろに引くように回す。

ペダルは拇指球で回す

拇指球とは、親指のつけ根のふくらんだ部分のこと。この拇指球と小指のつけ根を結んだ線がペダルの軸の上にくるイメージで、足をペダルにのせよう。NG写真のように土踏まずやかかとがペダルに乗った状態ではペダリングしにくいはず。

コーナーの曲がり方

コーナリングは技のデパート。いろいろな動作を同時多発的に行っている。
ポイントとなるのは視線の送り先、身体の傾き、ペダルの位置、そしてスピードである。

視線はコーナーの出口へ向ける

つねにコーナーの先を予測しながら進む。よってコーナーの先や出口を見ることが大事だ。オーバースピードやコーナーの読み間違えなどでパニックになると見た方向へ自転車は進む傾向にあるので、そうならないためにも視線情報から最適なコースを見つけたい。

POINT 1

頭は直立を保つ

コーナーでは自転車と一緒に体を傾ける必要があるが、頭は直立を保ったままにする。頭ごと傾けると、バランスを取りにくくなってしまうためだ。

POINT 2

体を進行方向にやや傾ける

体は、自転車ごと曲がる方向にやや傾ける。そのとき、腕の力は抜いてリラックスしておこう。腕がこわばっているとハンドルがふらついたときに対処が遅れてしまう。

POINT 3

進行方向側のペダルを上げておく

曲がる方向に体と自転車を倒すため、コーナーの内側のペダルが地面に接触することがある。内側のペダルは上げておこう。

POINT 4

外側の足で踏ん張る

コーナーの外側のペダルを下にして脚で踏ん張るようにすると、体を傾けていても腰の位置がぶれにくいので、自転車の挙動が安定する。

坂道の上り方

**坂道は一気に上りたくなるが、それでは体力を大きく消費してしまう。
最後まで力を保てるスピードを心がけよう。**

力まず一定のペースで上る

長い上り坂の場合は、特にペース配分に気をつけよう。早く上りたいがゆえに最初からダッシュしたくなるが、すぐにバテてしまう。呼吸が荒くならず、会話ができるくらいのスピードで上り始めるようにしよう。また呼吸がしやすいよう上体を起こした姿勢に。

勾配がきつい坂道は意識して重心を前に

上り坂がきついと自転車の傾きも大きくなる。そのため重心が中心から後ろに下がってしまい、うまくペダルに体重を乗せることができなくなる。その場合は、座る位置をやや前に移動しよう。重心のバランスがよくなり、ペダルを回しやすくなる。

序盤で力みすぎず、一定のペースを意識

上り坂は平坦よりも負荷が大きいため、ペース配分に気をつけよう。上りの序盤は、自分で呼吸を制御できるくらいの強度に抑える。だんだんと足や心肺に負荷がかかっていき、頂上付近で気持ちよい疲労を感じるくらいでちょうどいい。

上りの途中でダンシング（立ちこぎ、P60参照）を交えると、脚の疲れを分散することができる。

また、坂道では平坦よりも負荷が増えるので、上り坂に入る前にギアを軽くしよう。それによって、上り坂でもある程度一定のペースを維持できる。

坂道の下り方

走り方を心得れば、自転車で坂道を下るのは爽快だ。
スピードコントロールの仕方を覚えて、スピード感を楽しもう。

POINT 1

ブレーキは強く握りすぎない

下り坂でブレーキをかけるときは強く握りすぎないこと。もともと前に荷重がかかりがちなので、前輪のブレーキが利きすぎると前転してしまう危険がある。濡れた路面ではフロントが滑りがちなので、後輪のブレーキを強めに。

POINT 2

重心は真ん中からやや後ろへ

下り坂のフォームは、上り坂とは反対にサドルの後ろ側へ座り重心を後ろにする。勾配がきつくなればなるほど前輪に負担がかかるため、重心を後ろにすることで前輪とのバランスをとる。

POINT 3

車体を安定させるためにペダルを回す

下り坂では惰性でスピードが出るので、加速する必要はとくにない。ただし向かい風や横風が強いときには、ペダリングすることで車体の安定感が増す。また長い下りは冷えて筋肉がこわばるので、筋肉をほぐす意味でペダルを回すといい。

下り坂はオーバースピードに注意

下り坂では、前輪と後輪のブレーキの使い分けも大切だ。まっすぐな下り坂では、おもに前輪のブレーキを使ってスピードを調整するので、前輪のタイヤへの荷重が増す。その分、腰を引いて重心を後ろに下げてブレーキをかけると、前輪への負担を減らすことができる。曲がりくねった下り坂では、直前までにスピードを十分に落とそう。コーナー途中でブレーキをかけなくてよい状態にすることが重要だ。前輪が滑ると転倒してしまうので、ブレーキをかける必要があるときは、後輪ブレーキの割合を高めよう。

ダンシング（立ちこぎ）のコツ

ダンシングは、加速が必要なときに有効な走り方。
ペダルに全体重を乗せられるので、瞬間的な加速を行うことができる。

POINT 1

ハンドルは前に押し出すイメージ

ハンドルには体重をかけず、腕でハンドルを“押す”イメージ。上体をハンドルに引きつけすぎるとうまくペダルに体重が乗らず、効果的な加速力が得られない。

POINT 2

ダンシングと同時にギアを重くする

ダンシングは、通常のペダリングに加えて体の重さを利用することにより、通常のペダリング時よりも大きな力を発揮できる。そのため、ギアをひとつ重くして踏み込むようにペダリングするといい。

POINT 3

サドルからお尻を浮かす

サドルからお尻を浮かし、腰をサドルの真上あたりでキープする。腰がその位置にあると、ペダルに体重を乗せやすくなる。ハンドル側に寄せすぎると前後輪にかかる荷重の割合も変わり、ハンドリングにも影響が出てしまう。

POINT 4

ペダルにうまく体重を乗せる

ハンドル部分でバイクのバランスを取りつつ、ペダルにしっかりと体重を乗せ、左右のペダルをリズミカルに回す。

ペダルに体重を乗せて大きな力を発揮させる

ダンシングは上りだけでなく平坦で使う場合もある。信号で止まって再加速するとき、また短く急な上り坂、コーナーの立ち上がりなど、ゆるやかになったスピードを上げる際に有効だ。

ダンシングの姿勢で気をつけることは、前のめりにならないことだ。前のめりになると、ハンドルに体重がかかってしまう。ダンシングを行う目的はペダルに体重を集中させて推進力を高めることなので、重心が前になりすぎないように注意しよう。腰がサドルの上にあることを意識すると、良い姿勢をとりやすい。

自転車を左右に振ってバランスをとる

ダンシングの主な動作は、左右のペダルに体重を乗せ、ハンドルバーでバランスを取りながら加速すること。右足でペダルを踏むとバイクが右側に傾くので、倒れないようにハンドルで反対側の左へ振るという動作を繰り返し行っている。闇雲に自転車を振る訳ではなく、ペダリングによって片側に引き寄せられた自転車を、倒れないように支える（反対側に振る）という動作だ。

ダンシングは左右に力を逃がさないために、上半身の「支える力」も導入する。全身の体力の消耗が激しいので長時間行うことは難しい。

自転車を振りすぎると力が逃げてしまう

自転車を大きく左右に振る行為は効率的ではない。左右へ自転車が蛇行すると、前方への推進力がロスしてしまうからだ。また体の軸がぶれると、うまくペダルに体重を乗せることができない。右の写真のように、わざと左右に振ったダンシングを試してみると、その効率の悪さに気がつくだろう。

Part 2

03

ギアチェンジのポイント

ここではスポーツ自転車の醍醐味でもある、ギアのメカニズムと変速のスキルを紹介していこう。使い方を知ることで、行動範囲も広がるはず。

ギアのメカニズム

フロント側とリア側に、それぞれフロントギア、リアスプロケットと呼ばれるギアがついている。ギアにかけるチェーンを移動させることで変速するシステムだ。

・リアスプロケット

小さくなるほどギアが重くなる

・フロントギア

大きくなるほどギアが重くなる

ギアを重くすることを「トップに入れる」、ギアを軽くすることを「ローに入れる」と呼ぶ。

大きいほうをアウター（ギア）、小さいほうをインナー（ギア）と呼ぶ。

＝

フロントとリアの組み合わせでギア比が決まる

ギアチェンジのやり方

クロスバイクやロードバイクは多段ギアで、基本的にはマニュアル変速だ。ブレーキレバーと変速レバーを兼ねた手元変速機を使用してギアを変える。

・フラットハンドル

フラットバー用のシフター（変速機）

シフトアップ（ギアを重くする）用もシフトダウン（ギアを軽くする）用も、グリップを握ったまま操作できる。シフトダウンするときはレバーを下に、シフトアップするときはレバーを奥に押す。ギアが変わるまで押し続けるのがポイント。

・ドロップハンドル

デュアルコントロールレバー

ブレーキレバーに添うようにシフトダウン用が、ブラケットを握ったとき親指で操作できる位置にシフトアップ用のレバーがついている（メーカーによって例外あり）。シフトダウンしたいときはレバーを内側に、シフトアップしたいときはレバーを下に押す。

注意ポイント

無理のあるギアの組み合わせはしない

フロント側がアウターギア、リア側がローギアの組み合わせ。外から内側へチェーンが大きくねじれてしまうので、チェーンに負担がかかる。さらにチェーンが外れやすい。

ペダルを掻き上げるとチェーンが脱落する

アウター×ローのようなギアの位置によっては、ペダルを足で掻き上げ逆回転させると、ギアが外れてしまうので注意。

ペダルを回さないと変速しない

動いているチェーンを変速機で強制的に脱線させるのが変速の仕組み。そのためペダルをある程度のスピードで回しながら変速を行う。

スピード変化に合わせて変速を

クロスバイクの場合、フロント側に2〜3枚、リア側に8〜10枚のギアがついている。これを手元の変速レバーで上げ下げすることでギアを選ぶ。基本的には右ハンドルにリア側、左ハンドルにフロント側の変速レバーがついており、おもにリア側を操作する。

ギアの変速は、必ず走りながら行う。ペダルを回すスピードが速いほどギアもスムーズに移動するので、停車中の変速は禁物だ。走り始めは軽いギアから、スピードが上がるにつれ1段ずつギアを重くしていこう。走行中もスピード変化に合わせてギアを変えていく。下り坂で足が回りすぎたらシフトアップ（重く）し、上り坂で足の回転が遅くなってきたらシフトダウン（軽く）するといった要領だ。

ギアの使い方

**ギア比について詳しく知ることで、より効率よく走ることができる。
計算式から、ギア比の最適な組み合わせを知っておこう。**

ギア比の計算式

フロント歯数 ÷ リア歯数 ＝ ギア比

ギア比とは、2つのギアの歯数の比率。ペダル1回転で後輪が何回まわるかを表している。例えば、ギア比が2ならペダル1回転で後輪が2回転するということを示す。ギア比が大きいほうが進む距離は長いが、その分ギアは重くなるのでペダリングに脚力が必要となる。

下の表を見ると「たすきがけ」のアウター×ローギアは1.41、インナー×中間は1.48と、ギア比はほぼ同等だ。これを重複というが、重複するギア比なら、チェーンに負担がかからないインナー×中間のギアを選ぶのが賢い。

フロントギア（48T ／ 34T）、リアスプロケット10枚（34T-11T）のクロスバイクのギア比一覧

※ あみかけの数値は重複。Tは歯数

		⇦トップ				リアスプロケット					ロー⇨
		1	2	3	4	5	6	7	8	9	10
		11T	13T	15T	17T	19T	21T	23T	26T	30T	34T
フロントギア	48T（アウター）	4.36	3.69	3.2	2.82	2.53	2.29	2.09	1.85	1.6	1.41
	34T（インナー）	3.09	2.62	2.27	2	1.79	1.62	1.48	1.31	1.13	1

・「たすきがけ」はNG ✕

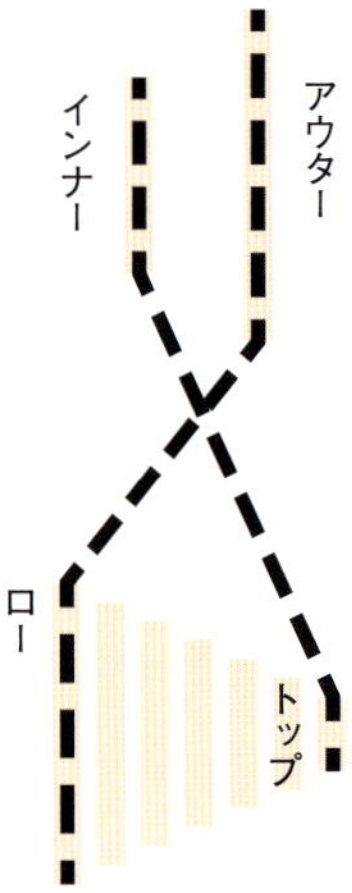

アウターギア（フロント）×ローギア（リア）など、チェーンがたすきがけになる組み合わせは、チェーンがねじれてチェーン外れの原因にもなる。

・インナー×ロー側 ○

インナーギア（フロント）と中間〜ローギア（リア）も良好なチェーンラインで、負担が少ない。

・アウター×トップ側 ○

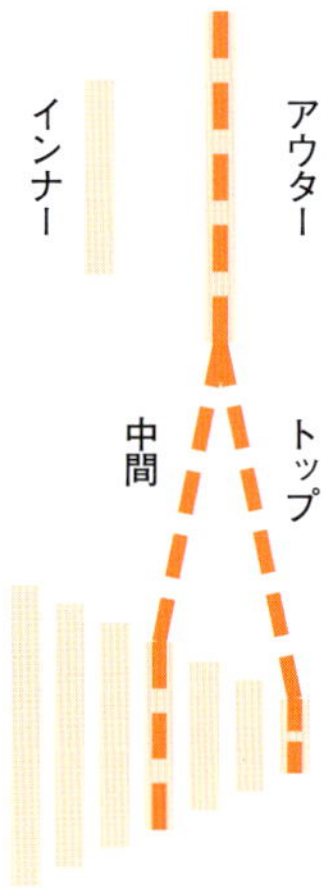

アウターギア（フロント）×トップギア〜中間（リア）の組み合わせは、チェーンに負担がかからないかけ方。

ギア比とペダルの回転数の関係

同じ回転数でペダルを回した場合、ギア比が大きいほど進む距離は長い。しかしギア比が大きくなるほどギアも重くなるので、回転数を維持する脚力が必要となる。フロントのギアは大きい（重い）ほど高速時に回転数を維持しやすいが、低速では回転が足りず力をかけにくい。反対に、ギアが軽いほど力がなくても自転車を動かしやすくなるが、1回転で進む距離は短い。どちらのギアが使いやすいのかは脚力と相談。

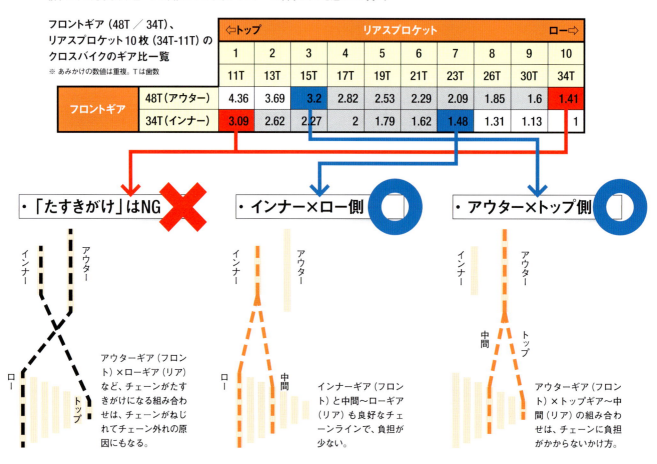

ケイデンスとは？

ケイデンスとは、ペダルの1分間の回転数を指す。
ケイデンスが90なら、1分間に90回転していることを示す。

ケイデンスの維持が効率の良い走りにつながる

ケイデンスとは、ペダルの1分間の回転数を指す。レースで走る、サイクリングで快適に走るなど走り方によって最適なケイデンスは変わってくるが、クロスバイクなら70～80回転／分くらいがもっとも適当である。ロードバイクの場合、ある程度スピードを出した走りを意識するなら90回転前後が目安となる。しかし乗り手のスキルによって大きく異なるので、自分に適したケイデンスを見つけ出すことが大切だ。

このケイデンスは、一定の数値を保つのが効率のよい走り方とされている。平坦な道の場合は比較的目安の数値を維持しやすいが、上り坂や向かい風が強いときなど負荷が高い状況のときは、ギアを軽くして回転数を維持するようにしたい。重たいギアをゆっくり回すよりも、軽いギアを速く回したほうが、長時間走ることができるといえる。

このケイデンスは、サイクルコンピュータなどで測定することができる。レースに挑戦したい人や長距離サイクリングを楽しみたいなら、ケイデンスの計れるサイクルコンピュータを自転車につけておくといい。

ケイデンスを測定しながら、一定に維持することを意識して走っていると、ギアの変え時がわかりやすい。ケイデンス80で走っていたのに、上り坂になって60に落ちたからギアを軽くしてケイデンスを80に戻そうといった具合だ。

また、同じギア比でもケイデンスを高く維持できるようになったとすれば、それは仕事量が大きくなった、つまり速く走れるようになったということだ。力がついてきたことが数値でわかるため、ケイデンスの測定はスポーツ自転車に乗るモチベーションにもつながるだろう。

Part2

04 自転車通勤をはじめよう！

スポーツ自転車を通勤に使おう、と考える人もいるだろう。自転車通勤にはどんなメリット・デメリットがあるのかシミュレーションしてみよう。

自転車通勤のメリット・デメリット

通勤や通学に公共交通機関を利用している人も多いだろう。自転車通勤を行う人のことを「ツーキニスト」と呼ぶが、彼らの中には交通機関のラッシュアワーを避けられるという理由で、自転車を選んでいる人も少なくない。また、通勤がワークアウトとして基礎代謝を高める運動になることも、体を動かす時間を取れないビジネスパーソンにとって大きなメリットになるだろう。通勤となると週に5回は自転車に乗ることになるため、習慣づけば心にも体にも良いはずだ。

一方で、交通事故にあう確率が上がることは自転車通勤の大きな問題となる。事故は自分が気をつけていても相手次第という部分もある。ヘルメットやグローブなど身を守る防具、夜間走行をするならライトの装備は必須となる。

自転車は天候によっても行動が大きく左右される。梅雨時など雨が続いて自転車に乗れない日が続いたり、突然の雨にふられてずぶ濡れになることもあるだろう。レインジャケットや泥よけの準備が万端でも雨天時の走行には危険がともないがちだ。

もっともネックになるのは、会社で自転車通勤が認められるかどうかだろう。会社側に理解があったとしても、駐輪場は用意されているか、屋内に止められるか、更衣室はあるかなど自転車通勤の懸念はあげればばきりがない。

それでも満員電車を横目に風をきって走る爽快感、運動不足解消で体が変わっていく手応えには、他に代え難いものがある。メリット・デメリットを把握したうえで自分なりの通勤スタイルを見つけることが習慣への一歩だ。

自転車通勤スタートガイド

自転車通勤をはじめるにあたって
押さえておきたいポイントが４つある。

安全性の高い駐輪場や駐輪スペースを確保

会社に駐輪場がないときは最寄り駅の月極駐輪場を利用するといい。人が常駐する駐輪場を選びたい。ほかにもランナーズステーションやスポーツジムなどを利用するのも手。シャワーを浴びて着替えができるのも良い。

自転車ショップをルートの途中に入れよう

万が一のトラブルに備え、自転車ショップを通るルートを設定するか、ルート近くのショップを把握しておこう。もちろん、パンク修理キット、工具など必要最低限のアイテムと、それを使う知識を持ち合わせておくことが大切。

スーツには裾バンド革靴にはラバーソールを

スーツ＆革靴で通勤する場合は、事前の準備が必要。パンツ裾の巻き込みを防ぐ裾バンドは必須だ。また、靴のソール素材が革だとペダルの突起で傷付けてしまうのでラバーソールに張り替えておこう。

帰宅時の夜間走行にはライトの２個付けを

夜間走行時のライトは必須。相手に場所を知らせる視認用、足下を照らす照明用と２個用意すると万全だ。２個付けしておくと、どちらかの電池が切れたり故障してしまったときでも慌てず走行を続けられる。

街中をスムーズに走るためのポイント

**クルマや歩行者、サイクリストとあらゆる人が利用する道路には
自転車には不向きなポイントもある。スムーズに走るために、頭に入れておこう**

POINT 1

どんな低いものでも段差に注意!

道路には、歩道と車道の境界線など縦に走る段差がある。それほど高い段差でないように思えても、前輪が段差に取られて転倒する危険がある。段差に対してできるだけ直角に近い角度で進入することが、転ばないように段差を越えるコツ。

POINT 2

できるだけ信号の少ないルートを選ぶ

幹線道路は道幅が広く走りやすいが信号が多く、ストップ＆ゴーを繰り返すことになる。通勤ルートをつくるときには、できるだけ信号のない道を選びたい。住宅街など路地が多く細い道では、交差点での出会い頭の衝突が多いのでスピードの出し過ぎには注意。

POINT 3

滑りやすい白線やマンホールを避ける

道路には、側溝やマンホールが数多く点在している。まず、ロードバイクの細いタイヤは側溝に挟まる可能性があるので上を通るのは避けよう。側溝やマンホール、白線などペイントの上は滑りやすく、路面が濡れるとさらに危険性が増すので注意が必要だ。

POINT 4

スポーツ自転車なら階段もラクラク

車体が軽いスポーツ自転車のメリットを利用して、階段などは自転車を担いで持ち運ぼう。この方法なら歩道橋などを利用することができるため、ルートの幅も広がる。写真のように、ギア側を外側にして右肩で担げば汚れにくく、重さも感じにくい。

Part 3 ｜ 応用編

もっと楽しむ スポーツ自転車

スポーツ自転車には、いろいろな楽しみがあります。
好きなパーツをつけてカスタマイズしたり、クルマや電車に持ち込んで
旅先をサイクリングしたり。健康維持にもひと役買ってくれます。
シンプルな構造だからこそ、使い方次第で楽しみは無限に広がります。

Part3

01

カスタマイズで楽しむ

パーツを交換してカスタマイズを楽しめるのがスポーツ自転車の魅力だ。完成車の状態から自分だけの愛車に仕立てるための方法を紹介する。

CLASSIC
クラッシックにカスタマイズ

最新のクロスバイクでもパーツ交換で
クラシックなイメージにカスタマイズできる。
ブラウンカラーを基調としたパーツを
要所に盛り込むことで
レザーの雰囲気を生かした
自分だけの自転車ができあがる！

custom 1

before

ホワイトをベースにブラックを差し色にしたシンプルなカラーリング。数点のパーツ交換で印象は変えられる。

わずか3点の交換で印象は変えられる！

愛着のある自転車なら自分だけのカスタマイズを施して、オンリーワンに仕上げたいと思うのは誰もが思うところだ。パーツの交換というと難しい印象があるが、簡単かつ効果的な部分に絞れば、自らの手でカスタマイズすることができる。

ここで作り上げるのは、クラシカルイメージのクロスバイクだ。ベースはクロスバイクの定番ともいえる、ジャイアントのエスケープ。モダンな印象のモノトーンの自転車だが、パーツを交換しブラウンの差し色を加えることで、その印象を大きく変えることができる。選択したのはレザーの質感を採り入れたグリップとサドル、さらにタイヤもこれらのパーツにマッチするベージュカラーとした。

after

見た目の印象を大きく変えることができるパーツ3点を交換。ポイントはホワイトとブラックのモノトーンを最大限に生かして、差し色にクラシックなブラウンを追加したことだ。スポーティな自転車が、カラーと素材の質感を変えたことでぐっとシックな印象に。革のサドルバッグなども似合う大人の一台になった。

POINT 1

GRIP
グリップ

レザー調のグリップに交換

グリップはレザー調のものに交換。ボルトで留められるロックオンタイプのグリップに交換することで、取り付けも容易になる。

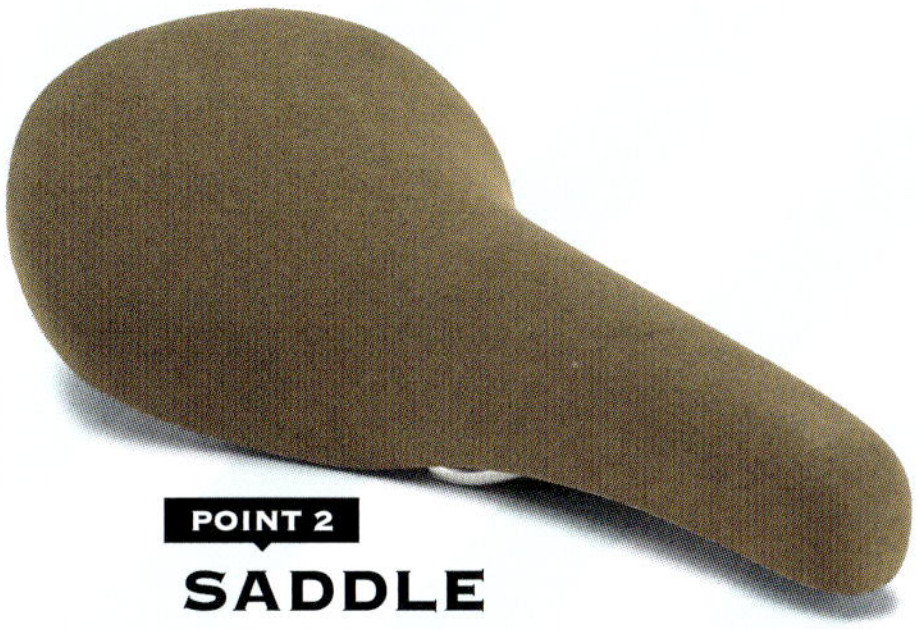

POINT 2

SADDLE
サドル

スウェードでシックに

スウェード調のサドルに交換して、クラシカルさを演出。サドルはアーレンキー１本で交換できるので、ぜひトライしたい。

POINT 3

TIRE
タイヤ

タイヤの色で印象ガラリ

クラシカルな雰囲気に合わせて、ベージュカラーのタイヤにチェンジ。タイヤは消耗品だけに自分で交換できるようにしておきたいパーツといえる。

ここで交換するグリップ、サドル、タイヤの3点は、どれもポイントさえ押さえておけば初級者でも簡単に交換できるパーツだ。さらに乗っていくなかで消耗していくパーツでもある。交換のスキルを身につけておけば、カラーのカスタマイズだけでなく、長く自転車のコンディションを維持することにも役に立つ。

SPORTY

スポーティな通勤モデルに

クロスバイクの本分といえば、
街中を快適に走り抜けることであり、
通勤や通学の力強い味方だ。
機能性を重視したパーツを組み込めば、
より快適で実用的な自転車になる。

custom 2

before

一般的にスポーツ自転車は、必要最低限の構成で販売される。目的に合わせたパーツを組み込めば、より快適な仕様に仕上げられる。

after

クロスバイクの手軽さを残しながらも、通勤や通学に最適な装備にカスタム。雨天時や雨上がりに服を汚さないフェンダーは必須アイテムだ。グリップは、サイドを握れば坂道などの上り向けポジションを取れるエンド付きに、ペダルはパワーをロスすることのないビンディングタイプを装着した。

通勤通学はもちろん 週末ライドにも使用可能

クロスバイクの魅力は、ロードバイクに比べてタイヤが太く、街中の路面でも快適に走りを楽しめることだ。それゆえに通勤や通学で使用するのにベストなチョイスといえる。ただし販売されている状態は、必要最低限のパーツ構成なので、目的に合わせてパーツを追加したい。

ここでのカスタマイズのコンセプトは、普段着で乗れる手軽さながら、スピード感がある自転車。グリップ、サドル、ペダルとバイクに身体が触れるパーツを交換することで、スポーツ的な味付けを加えることができる。

ドリンクボトルを手軽に持ち運びできるように、フレームにボトルケージを装着。ドリンクボトル型のケースに必要工具が入ったキットもあるので、ボトルケージはつけておいて損はない。さらに日常の使用を考慮して、フェンダーを装備。路面が濡れていても服を汚すことがない。

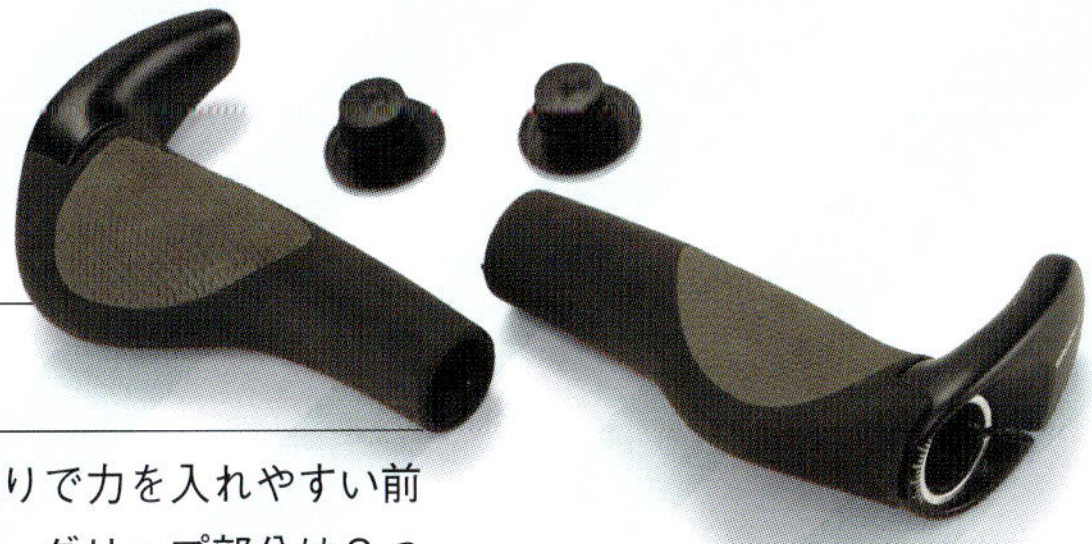

POINT 1

GRIP

グリップ

上りにも強い!

バーエンド部分を握れば上りで力を入れやすい前傾姿勢を取ることができる。グリップ部分は２つの素材を使用して、振動吸収性にも優れている。

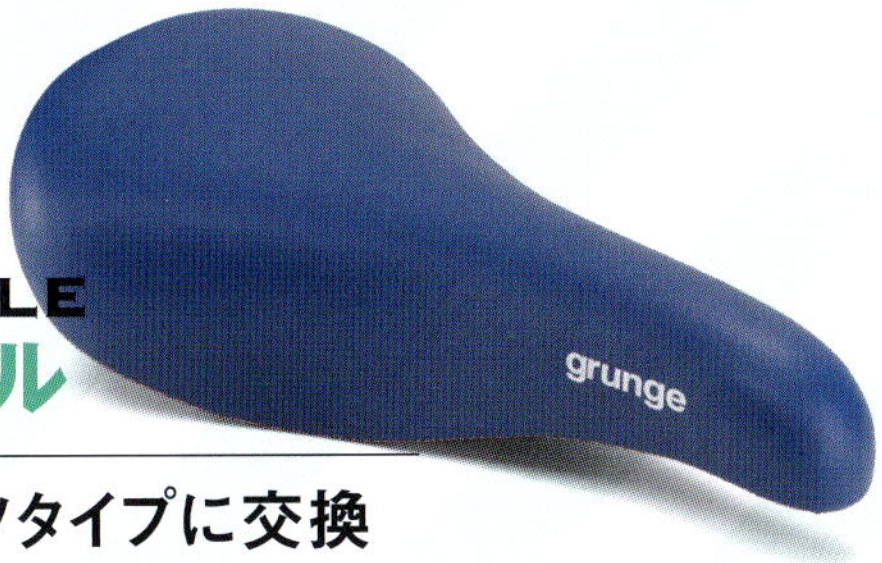

POINT 2

SADDLE

サドル

スポーツタイプに交換

クッション性に優れるノーマルから、スポーツ走行を意識したスリムな形状に変更した。適度な硬さで、ペダリングがスムーズになる。

POINT 3

FENDER

フェンダー

毎日乗るなら必須

雨の日や雨上がりに乗るならフェンダーは必須。必要に応じて簡単に外せるタイプをセレクト。ここではリア側のみだが必要に応じてフロントにも取り付けたい。

POINT 4

BOTTLE-CAGE

ボトルケージ

拡張性もあるパーツ

水分補給のためのボトルを携帯できるのはもちろんのこと、ツールや輪行バッグも差し込めるボトルケージ。２つ取り付けておくことで色々使える。

POINT 5

PEDAL

ペダル

便利な片面ビンディング

片面はビンディング、もう片面は一般的なフラットになっている両面ペダルをチョイス。ビンディングシューズでも、スニーカーでも、ペダルを交換せずに使用できる。

Part3 02

気軽に交換できるパーツ

自転車は基本的な工具さえあれば自分でも交換できるパーツが多い。カスタマイズの第一歩としてポイントを押さえながら説明する。

グリップの交換

消耗品で交換頻度の高いグリップは、自分で交換できるようにしておきたい。ねじで固定するロックオンタイプと、カットして取り外すスタンダードタイプがある。

ロックオングリップの交換

01 エンドのキャップを外す

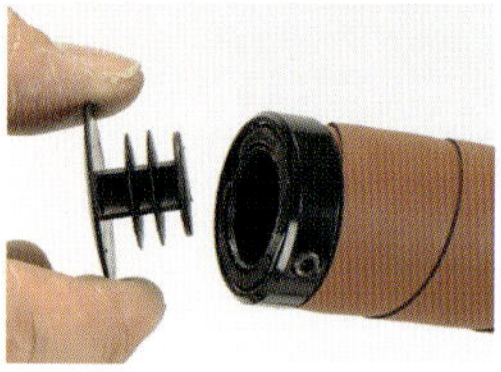

手で外れなければマイナスドライバーを差し込んで浮かせよう。

02 エンド側ボルトを緩める

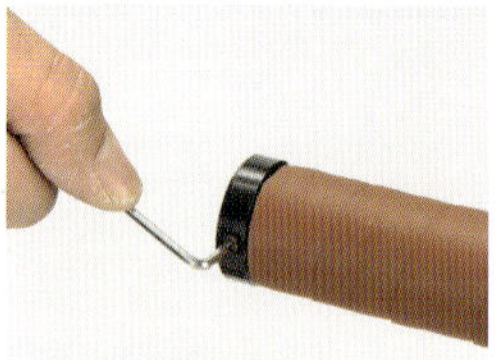

サイズの合ったアーレンキーを使用してエンド側の固定ボルトを緩める。

03 内側のボルトを緩める

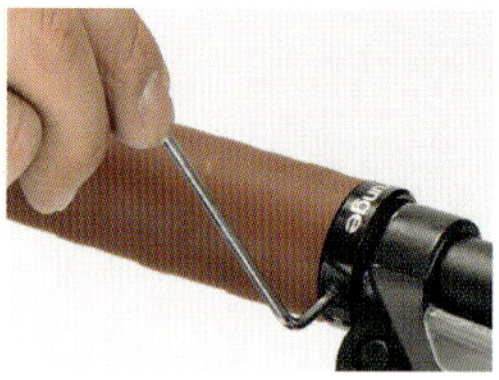

内側も外側同様に緩めれば簡単にグリップを引き抜くことができる。

04 グリップの左右を確認

グリップは左右別になっていることもある。取り付け前に表示を確認。

05 レバー位置を調整

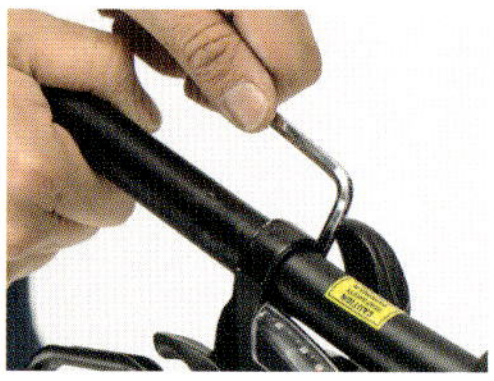

取り付けるグリップのサイズに合わせて、必要に応じてレバー位置を調整する。

06 グリップを取り付け

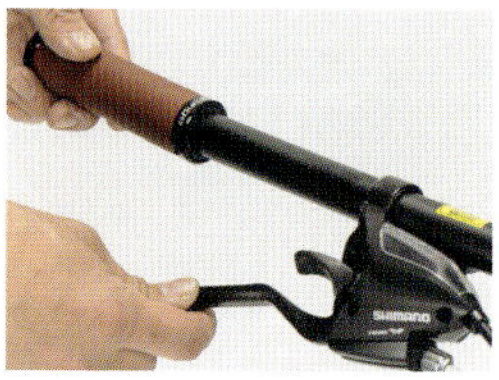

取り外しと逆の手順で取り付ける。ボルトを締め、エンドキャップをつけて完成。

スタンダードグリップの交換

01 細いアーレンキーを差し込む

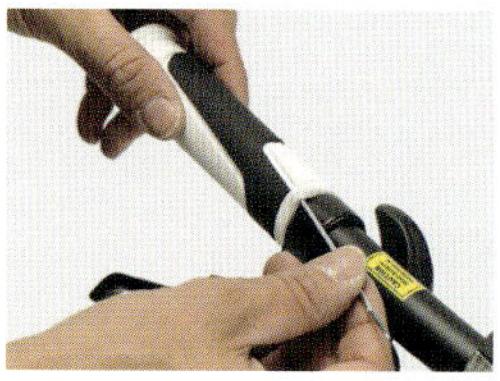

グリップに傷をつけないよう注意して細いアーレンキーを差し込む。内外どちらでもOK。

02 隙間にパーツクリーナー

アーレンキーを差し込んだ隙間にパーツクリーナーを流して、グリップを滑らせて取り外す。

03 グリップを取り付ける

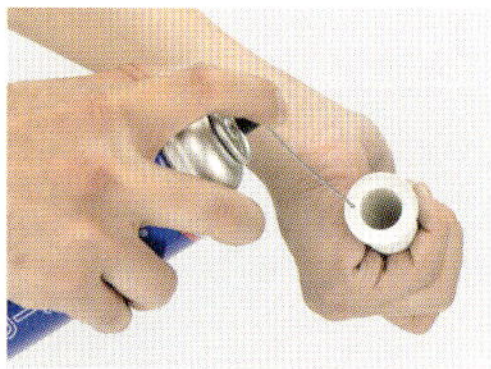

取り付けもパーツクリーナーを使用。内側に塗布して取り付けたら、動かなくなるまで待つ。

消耗品を中心に自分で交換できるようになろう

ブレーキや変速など、走行に重要な部分は専門店にメンテンスを依頼するとしても、消耗品や簡単な作業でできるパーツ交換に関しては、自分でできるようになっておきたいものだ。

これらの作業を身につけることで、自転車を自由にカスタマイズできることはもちろんだが、自転車の機構をある程度理解することもできる。それによって万が一のトラブルが起きた場合にも、原因を突き止めて対処することができるようになる。

ここではグリップとサドル、タイヤ、さらにボトルケージとバーテープの交換方法を紹介しよう。タイヤ交換の方法を覚えておけば、出先でのチューブ交換もできるようになる。

サドルの交換

快適な走りに直結するサドルは自分で交換したいパーツだ。
微調整も覚えることで、細かなセッティングも自分でできる。

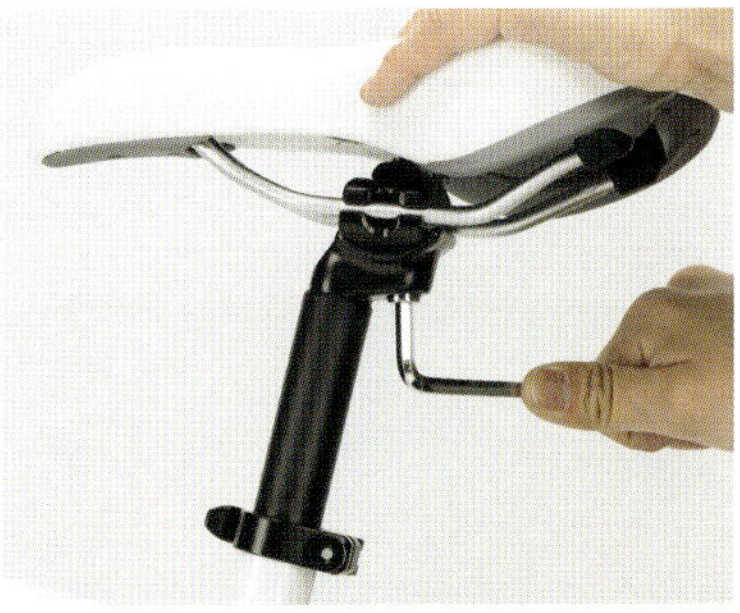

01 クランプボルトを緩める

最も一般的な1ボルトタイプの場合、まずはクランプボルトをアーレンキーで緩める。

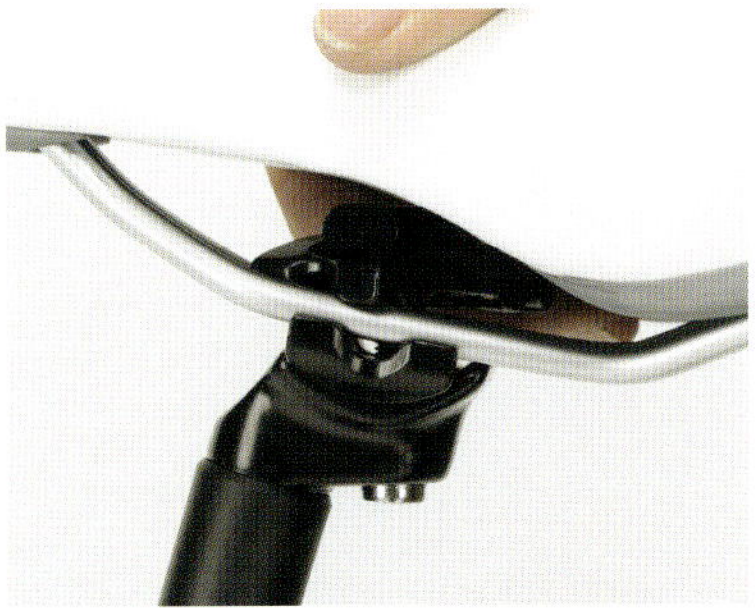

02 上部クランプを90度回転

ボルトを十分に緩めたら、上部のクランプをレールからずらして90度回す。

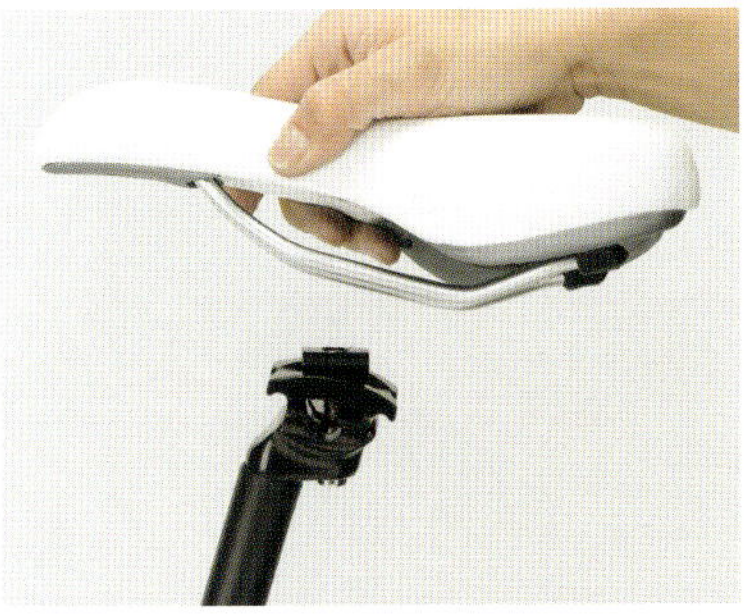

03 サドルを外す

上部クランプを動かせば、レールが開放されサドルを外すことができる。

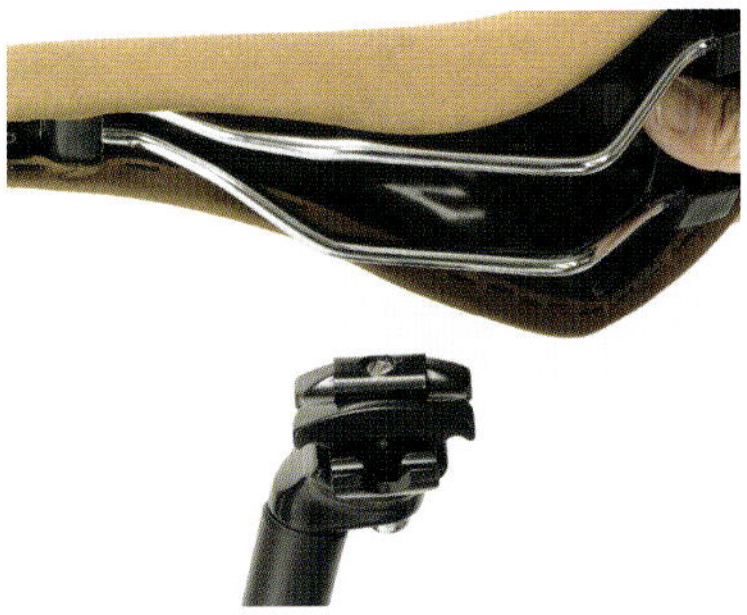

04 新しいサドルをセット

上部クランプを90度ずらしたまま交換するサドルをレールにセットする。

05 上部クランプを所定の位置に

サドルを乗せたら上部クランプを回して取り付け位置に戻す。

06 ボルトを仮止めする

クランプボルトを軽く回してサドルを仮留め。位置の微調整のため完全には締めない。

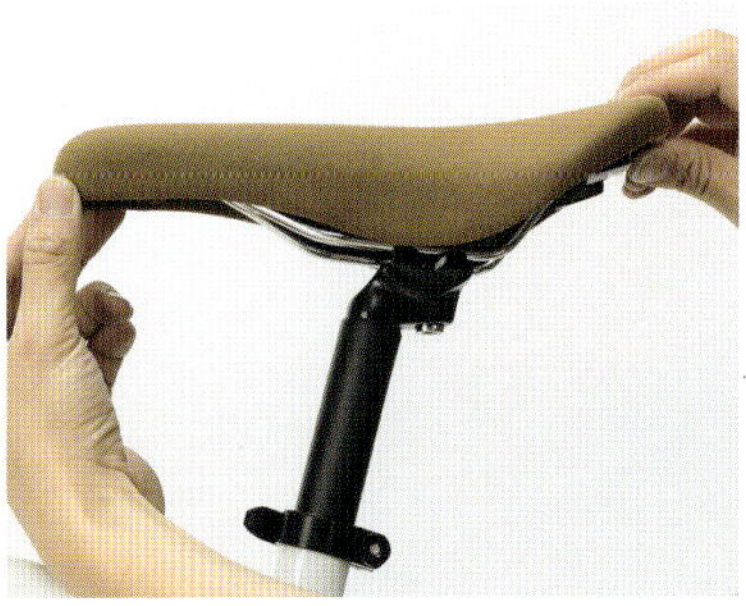

07 前後位置を調整する

サドルを手でずらして前後位置を調整する。元々のサドル位置を基準にするといい。

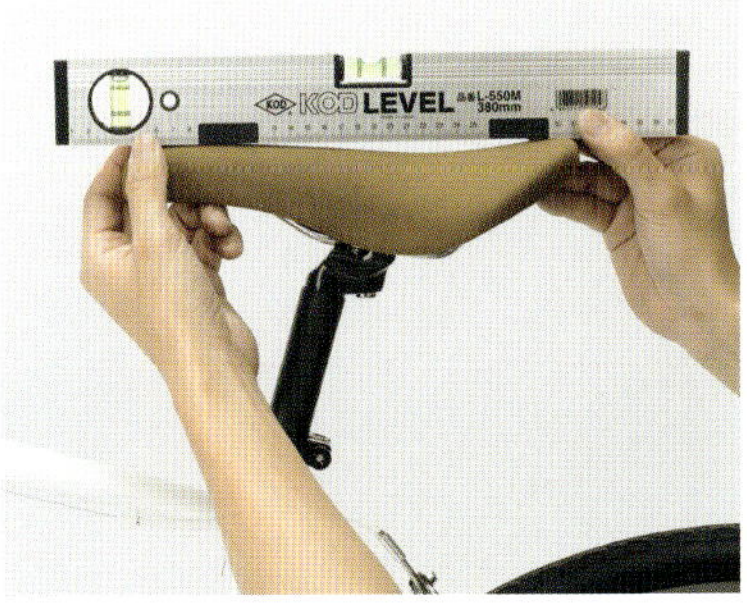

08 水平に調整する

サドルを水平に調整。水準器はスマホを使ってもいい。位置が決まったらボルトを本締めして完成だ。

タイヤの交換

カスタマイズのためだけでなく、パンク時のチューブ交換のためにも覚えておきたい。
外出先でパンクした場合、チューブを交換することですばやく復帰できる。

タイヤの取り外し

必須アイテムはタイヤレバー

タイヤ交換に必須の工具だ。樹脂製のものがチューブを傷付けにくくベストだ。

ホイールの取り外しは
P90 〜を参照

01 バルブを緩め空気を抜く

まずホイールを外す。フレンチバルブは先端のネジを緩めて押すことで空気を抜くことができる。

02 バルブナットを外す

チューブを固定しているバルブナットを外す。手で簡単に回すことができる。

03 タイヤレバーを差し込む

手でタイヤをずらしてタイヤレバーを差し込む。リムとの間にチューブを挟まないように注意。

04 タイヤレバーをもう一本差し込む

1本目のレバーから10cmほどの位置に、もう一本レバーを差し込む。

05 タイヤレバーを起こす

チューブの噛み込みに気をつけて、タイヤレバーを起こしスポークにかける。

06 もう一本のレバーも同様

2本目のレバーも同様に起こしてビード（タイヤの端）部分を外す。

07 ビードを外す

3本目のレバーを差し込みスライドさせビードを完全にリムから外していく。

08 できるところは手を使う

タイヤレバーを必要としないくらいまでビードが外れたら指先を入れスライドして外していく。

09 片側のビードをすべて外す

ここまでの作業を行えば片側のビードを完全にリムから外すことができる。

10 チューブを引き出す

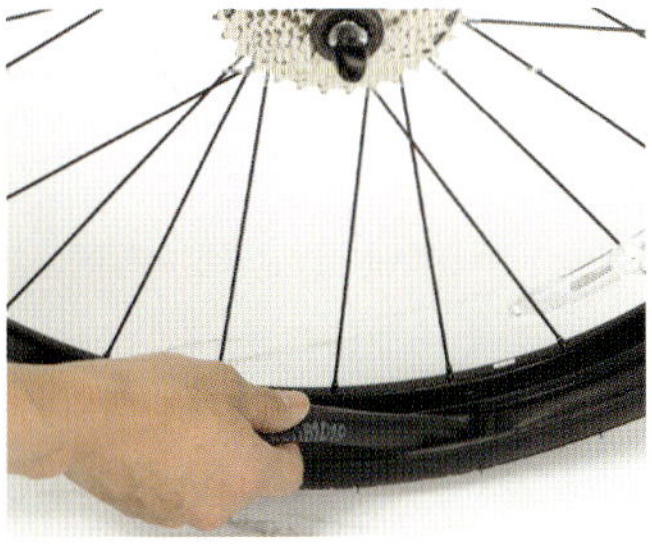

バルブの反対側からチューブを引き出していく。

11 バルブを引き抜く

タイヤを押さえながらバルブ部分をリムから外す。

12 もう一方のビードも外す

タイヤを手で持ちリムから浮かせてタイヤレバーが入る隙間を作る。

13 タイヤレバーを差し込む

外れているビード側からタイヤレバーを差し込んでもう片方のビードを外していく。

14 タイヤを外す

ここまでの作業で完全にリムからタイヤが外れる。

タイヤの取り付け

01 回転方向を確認

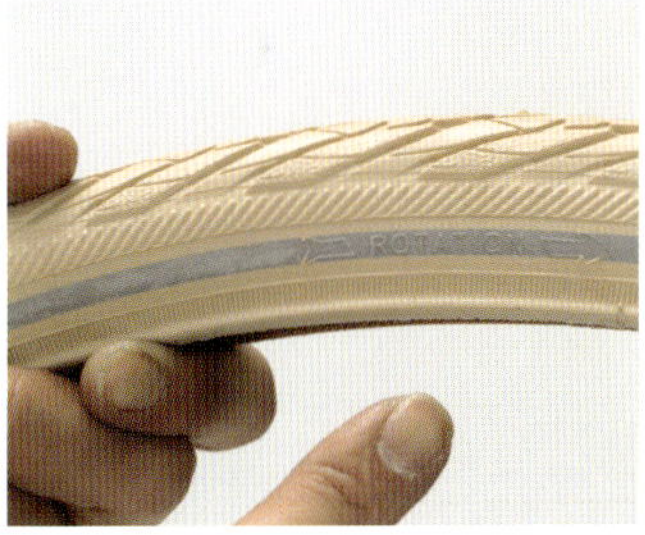

交換するタイヤのサイドを見て回転方向を確認する。指定がないものもある。

02 ビードをはめる

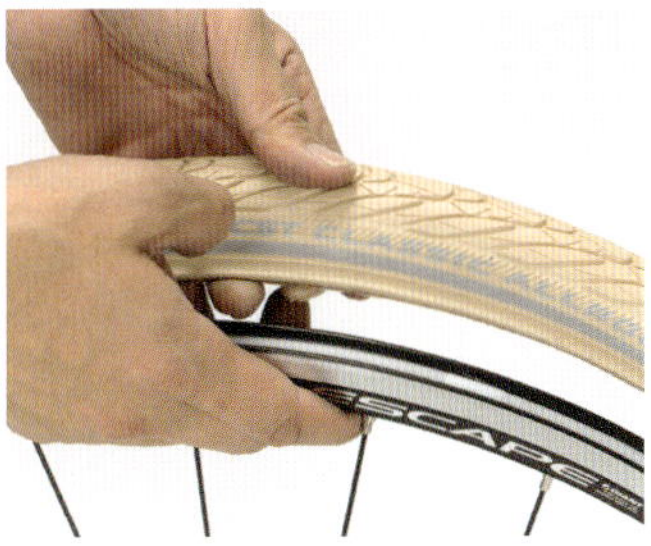

タイヤのビード部分をリムにはめていく。

03 完全にリムにはめる

親指の腹を使ってビードをはめていく。硬い場合はタイヤレバーを使用する。

04 チューブに空気を入れる

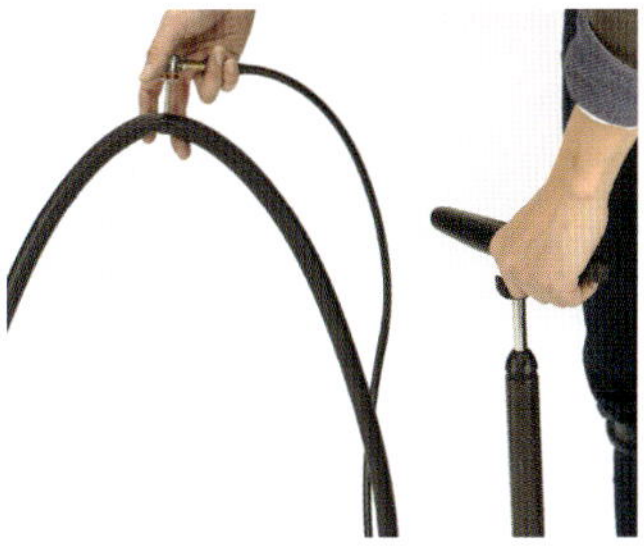

チューブが膨らみすぎない程度に、軽く空気を入れる。

05 バルブをリムの穴に入れる

タイヤをつまんでスペースを確保しながら、バルブをリムのバルブ穴に差し込む。

06 チューブを入れる

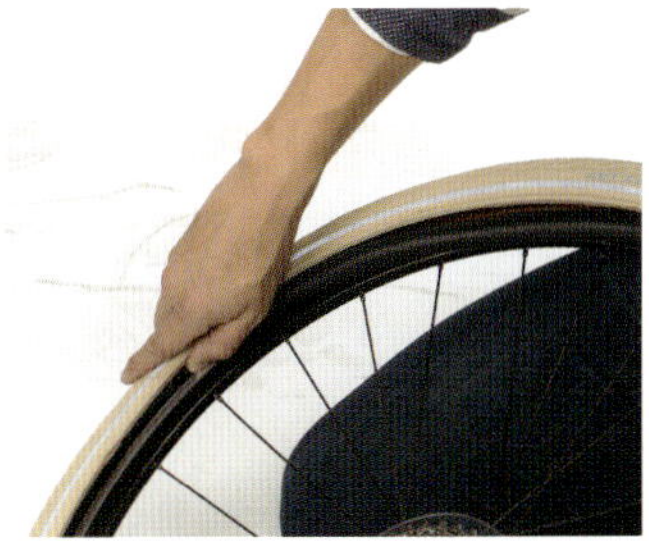

チューブを均等にリムに入れていく。ねじれないように注意しよう。

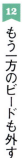

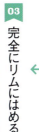

07 チューブを収める

チューブが全周入ったら、バルブを軽く押してチューブを完全にタイヤへと収める。

08 ビードをはめる

バルブ穴部分から左右均等に親指の腹を使ってタイヤのビードをはめていく。

09 できる限り手で入れる

ビードはできる限り手で入れることでタイヤレバーによるパンクのリスクを回避できる。

10 最後はタイヤレバーで

手で入らない場合は、タイヤレバーでビードをはめる。チューブを噛み込まないように注意。

11 軽く空気を入れる

ビードが入ったら、チューブが完全に膨らむまで空気を入れる。

12 タイヤとリムの間を確認

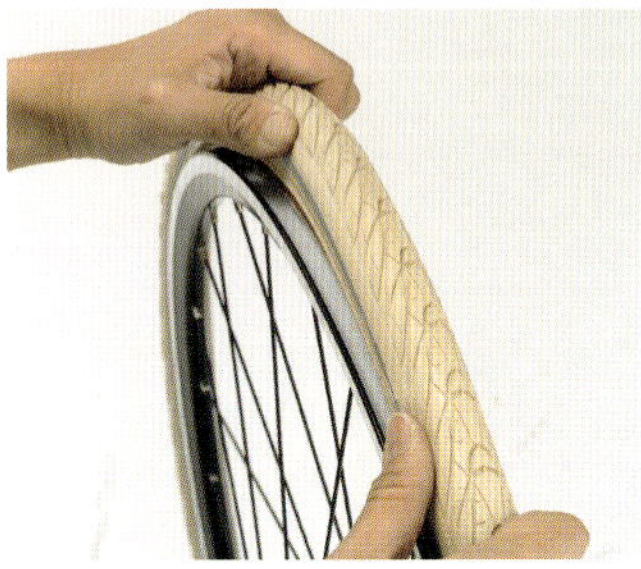

チューブがタイヤとリムの間にはさまっていないか全周を確認する。

13 チューブが噛んでいたら

チューブがリムとの間に入ってしまうと、写真のように噛んだ状態になることも。

14 タイヤレバーを使用

チューブが噛んでいたらタイヤレバーを使用してビードを浮かせ、タイヤの中に収める。

15 タイヤをもむのも良い

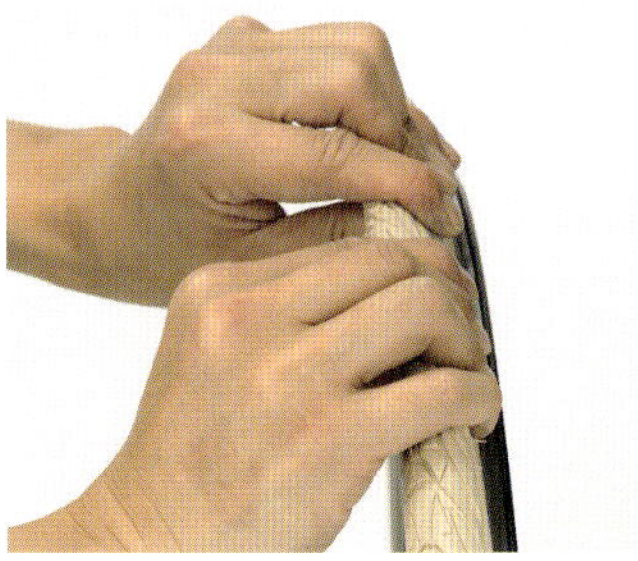

軽く空気を入れた状態でタイヤをもめばチューブが中に入りやすい。

16 空気圧はサイドを確認

タイヤサイドに記載されている規定の空気圧をチェックする。

17 空気を入れる

規定の空気圧まで空気を入れ、バルブを閉めナットを取り付ければ完成だ。

ボトルケージの取り付け

**水分補給のためのボトルを収納するボトルケージ。
拡張性も考えてダブルで取り付けておくと便利なパーツだ。**

01 ボルトを取り外す

アーレンキーを使用してボトルケージ取り付けボルトを外す。2本あるので両方とも。

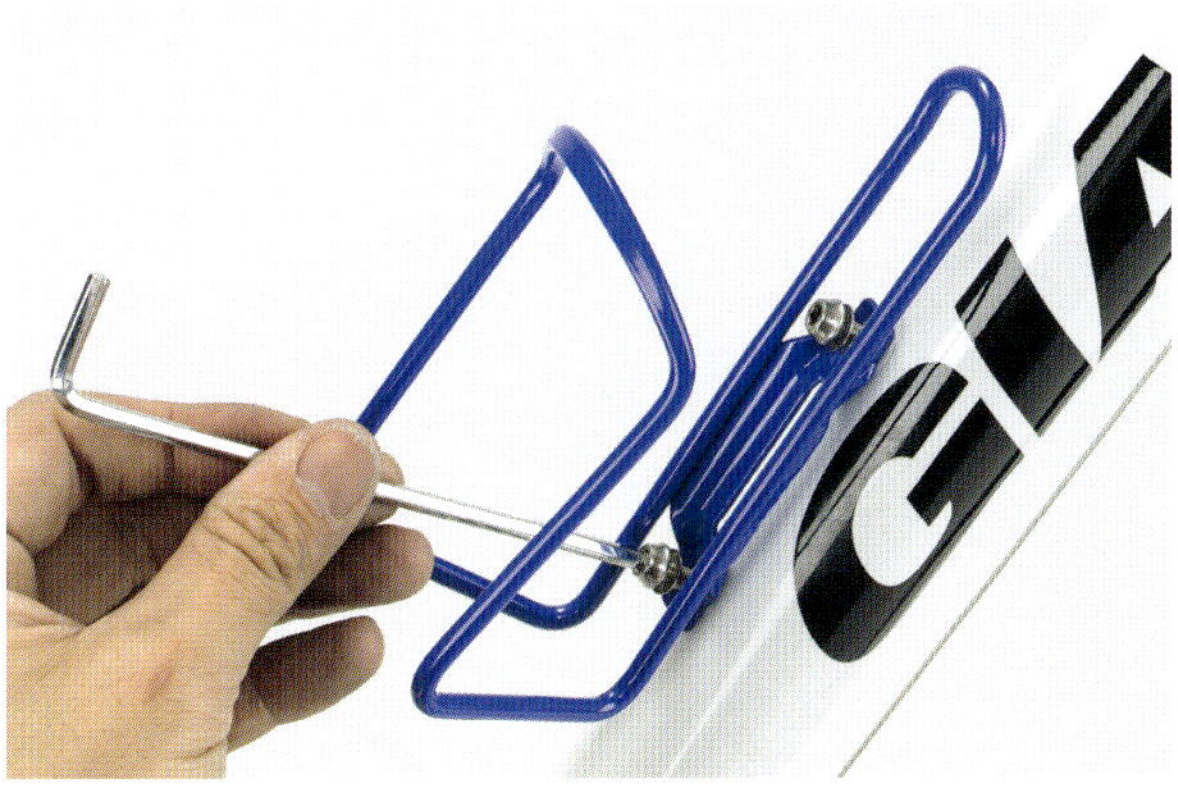

02 ケージを取り付ける

ボトルケージを取り付けていく。先端がボールポイント（丸びをおびた形）のアーレンキーだと早回ししやすい。

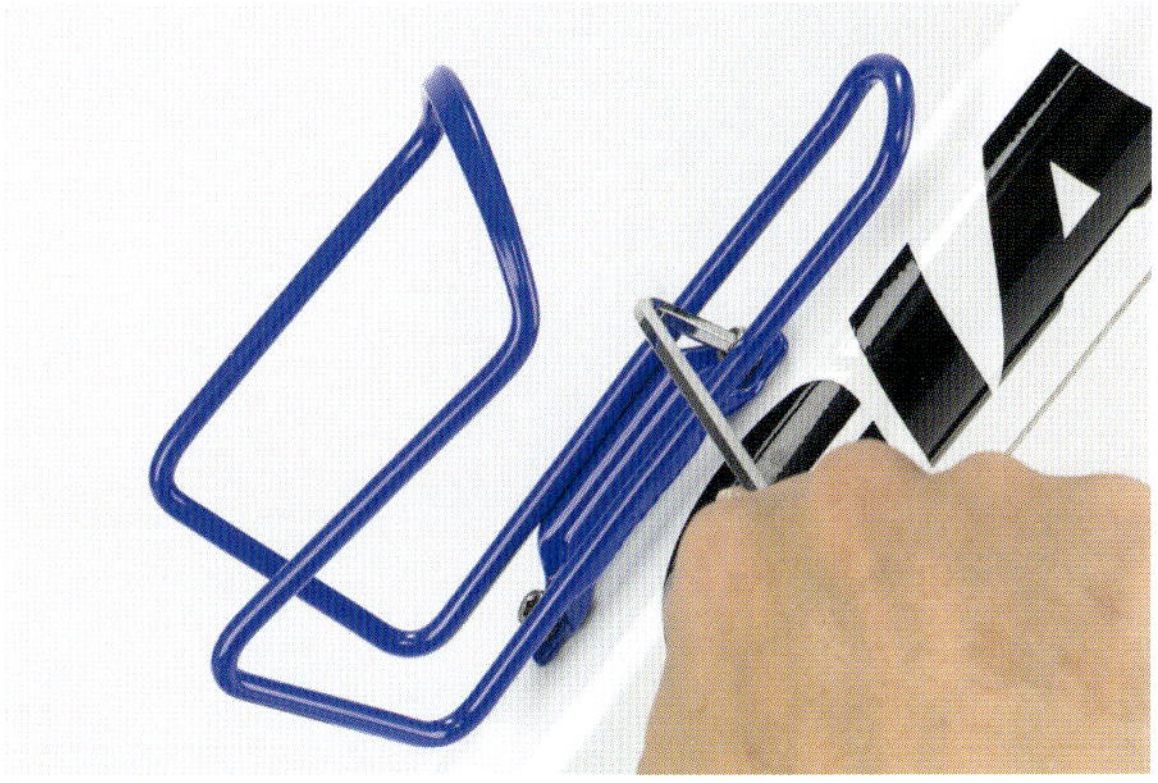

03 取り付けボルトを本締めする

アーレンキーの長いほうをもって、ボトルケージをしっかりとフレームに取り付ける。

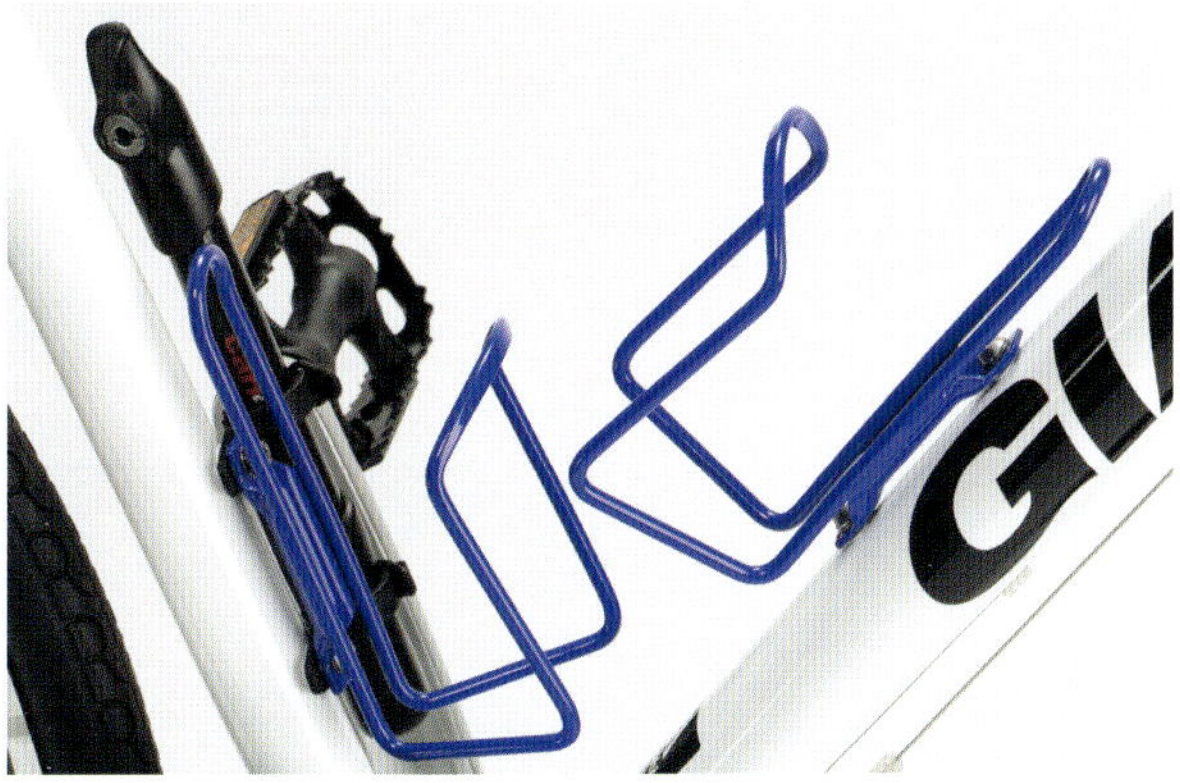

04 ダブルケージが便利

もうひとつの台座にも同様にボトルケージを固定する。

ボトルだけじゃなく工具類も収納できる

ボトルケージはボトルだけでなく、輪行バッグや工具類を収納できるツール缶の携帯にも役に立つ。ダウンチューブとシートチューブの両方に取り付けておけば、状況に応じてさまざまな使い方ができる。また多くの携帯ポンプは、ボトルケージ台座への取り付けを想定しており、ボトルケージと一緒に取り付けることができる。

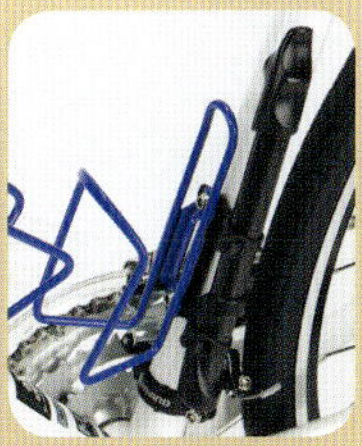

左／ボトルケージはボトルだけでなく、輪行バッグなども収納できる。
右／携帯ポンプの多くはボトルケージ台座への取り付けが可能。

バーテープの交換

**ロードバイクのドロップハンドルの場合はグリップではなく
バーテープの交換でカスタマイズできる。**

古いバーテープの除去

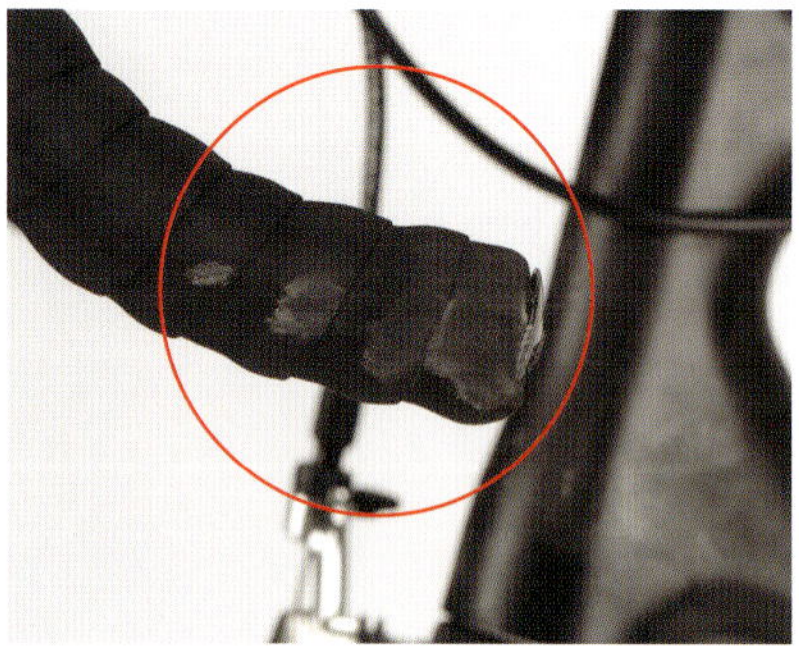
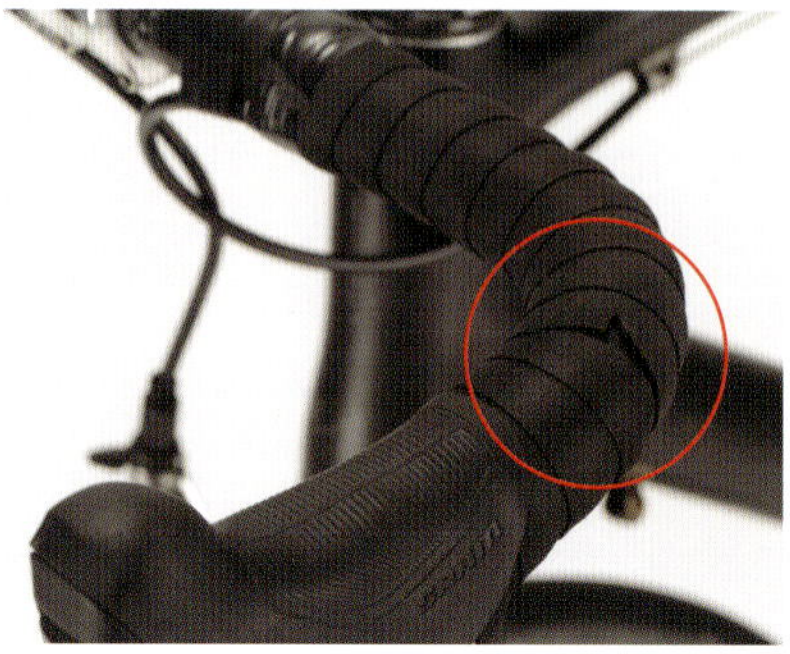
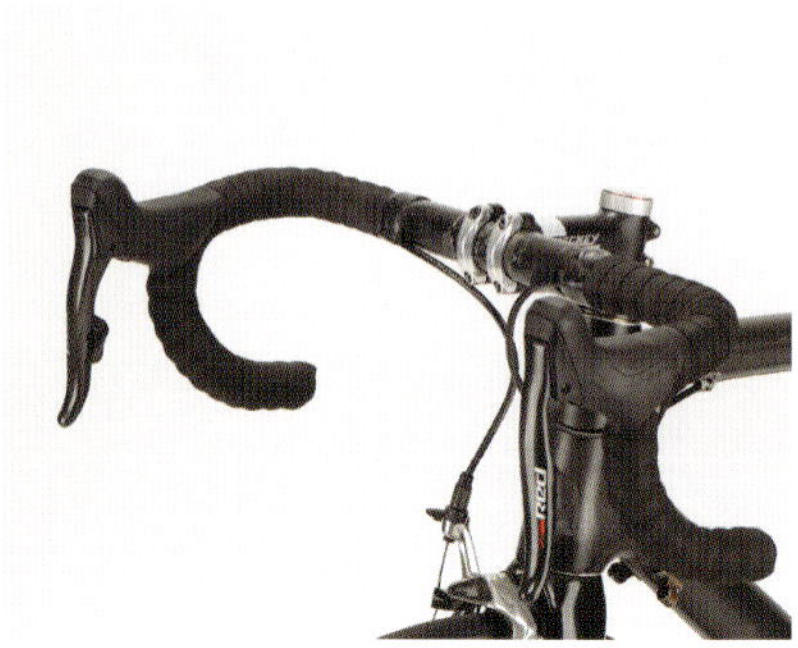

01 使い込んだバーテープをリフレッシュ

バーテープは、摩耗はもちろんのこと壁に立てかけるなど外的要因によるキズなどで劣化していく。カスタマイズだけでなく、定期的に交換するアイテムなのでやり方を覚えておこう。

02 ビニールテープをカット

ステム側の化粧テープを剥がし、バーテープをとめているビニールテープをカットする。

03 バーテープを剥がしていく

バーテープは両面テープでとまっているだけなので、簡単に剥がしていくことができる。

04 ブラケットカバーをめくる

バーテープを剥がしやすいようにブラケットのカバーをめくっておく。

05 剥がしたテープはまとめる

古いバーテープをまとめながら剥がしていくことでスムーズに作業できる。

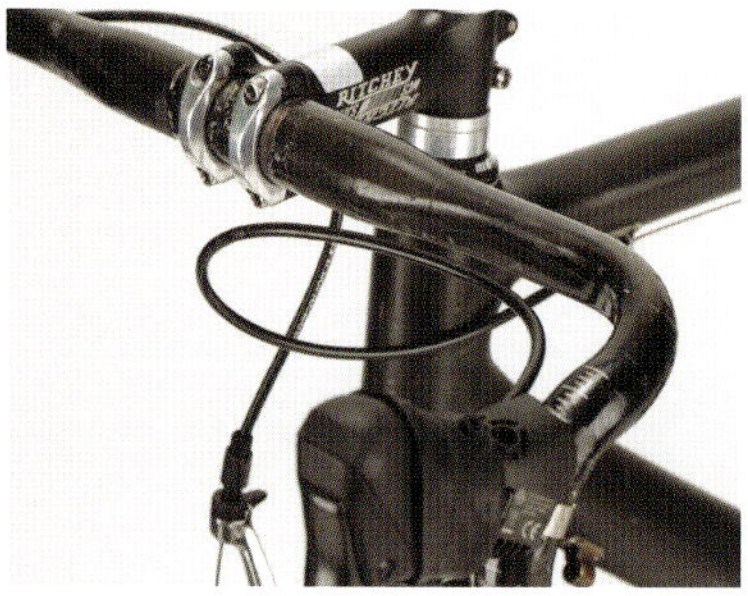

06 テープの除去が完了

エンドキャップ部分まで剥がし、古いテープの除去が完了。両面テープの糊など結構汚れている。

07 ケーブルの固定を外す

ケーブルをとめている両面テープを外す。剥がすよりも切ってしまうほうが楽だ。

08 古い糊をクリーニング

パーツクリーナーをしみこませたウエスで両面テープの糊などをクリーニングする。

09 作業完了

クリーニングが終われば作業完了。ブラケット位置の調整が必要ならこのタイミングで行う。

新しいバーテープを巻く

01 ケーブルを固定

ビニールテープでケーブルを固定する。握り心地にも影響するので位置決めはしっかりと。

02 ハサミでカット

テンションをかけながらビニールテープを巻いたらハサミでカットする。

03 両面テープを剥がす

バーテープ裏側の両面テープを剥がす。作業箇所から20～30cm程度剥がしながら巻いていく。

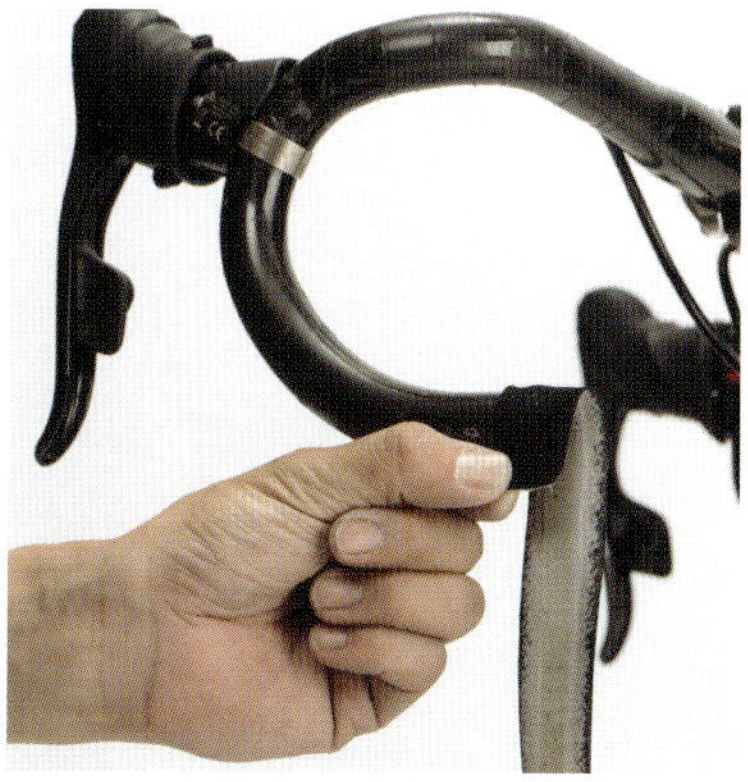

04 エンド側からスタート

バーエンドからテープを半分ほどはみ出させて巻いていく。向きは外側から内側に、反対側は逆向きになる。

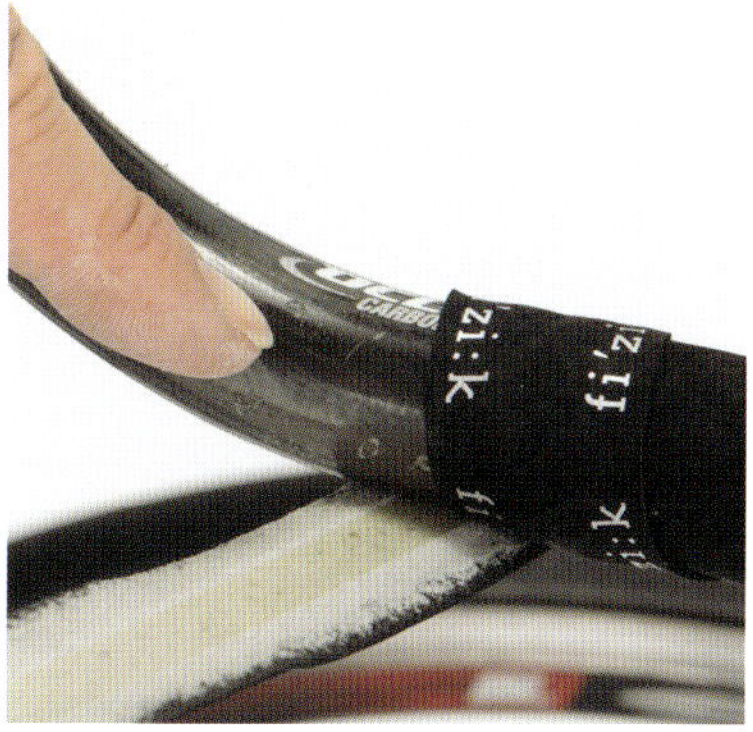

05 重なりは1/3が目安

バーテープを1/3ほど重ねながらテンションをかけて巻いていく。

06 カーブ部分は重なりを大きく

ハンドルがカーブしている部分は重なり幅を増やして丁寧に巻いていく。

07 たるまないように注意

カーブのきつい部分は重なりを小さくするとテープの端がたるんでしまうので注意しよう。

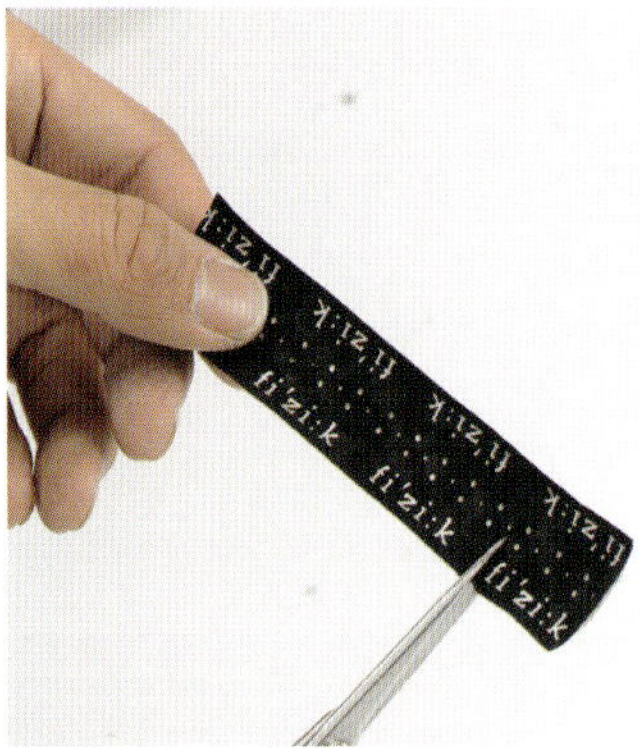

08 短いテープを用意

ブラケット部分をカバーするのは付属の短いテープ。事前に必要な長さにカットしておく。

09 テープをブラケットに貼る

用意した短いテープをブラケットに貼り付け、メインのテープで隠せない部分をカバーする。

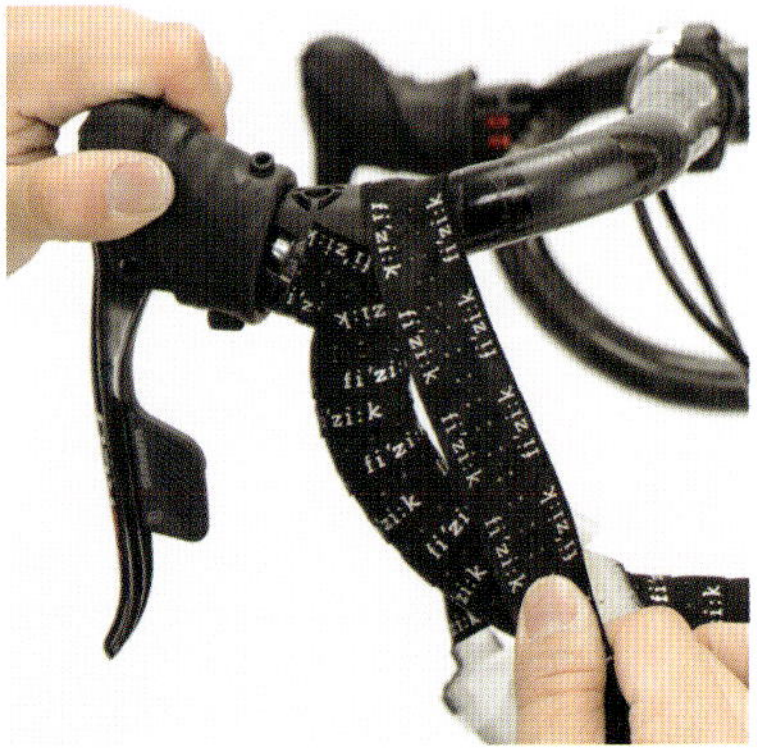

10 テンション強めで巻く

ブラケット部はたるみが出やすいので、テープを強めに引っ張りながら巻いていくとキレイに巻ける。

11 ゆるまないように注意

テープがゆるまないように右手で引っ張り、左手の指でしっかりと押さえながら巻いていく。

12 直角カーブも丁寧に

上ハンドルの直角に曲がる部分もテープの重なりを大きくして丁寧に巻いていく。

13 バテッド付近まで巻く

巻き終わりの位置は一般的なハンドルでは、太くなりはじめるバテッド部分が目安だ。

14 カットは斜めに

バーテープは斜めにカットすることで、巻き終わりに段差をつけずキレイに仕上げることができる。

15 巻き終わりも丁寧に

斜めにカットした部分がまっすぐになるように、最後まで丁寧に巻いていく。

16 末端をまっすぐに

巻き終わりはこのようにまっすぐになる。

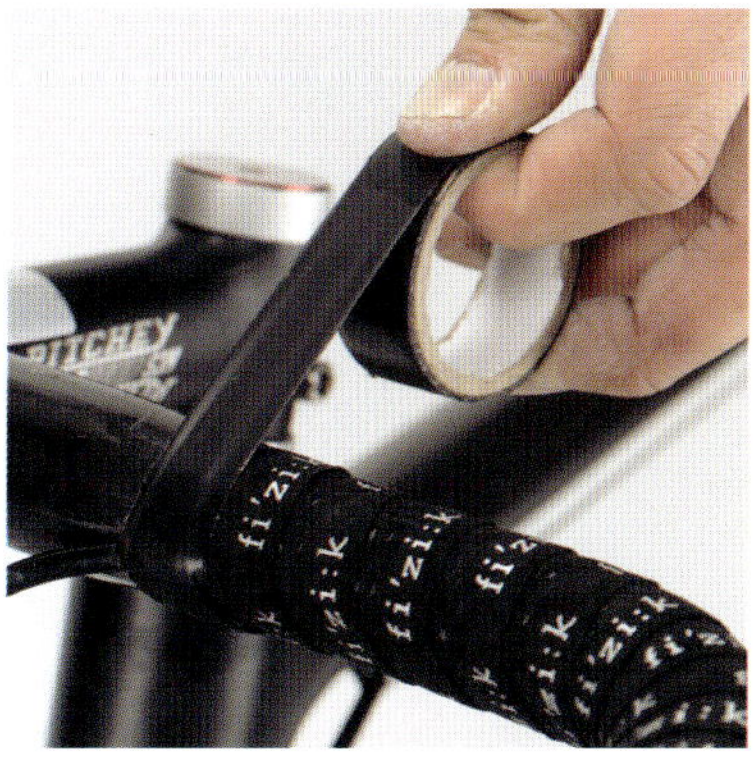

17 ビニールテープで固定

バーテープがずれないようにビニールテープでしっかりと固定する。付属の化粧テープは飾り用だ。

18 ハサミでカット

ビニールテープは手でちぎらずにハサミでカットすることで剥がれにくくなる。

19 化粧テープを巻く

バーテープに付属している化粧テープを巻く。乗車時に正しい向きに見えるようにするのがセオリーだ。

20 ブラケットカバーを戻す

めくっていたブラケットの樹脂製カバーを元の位置に戻す。

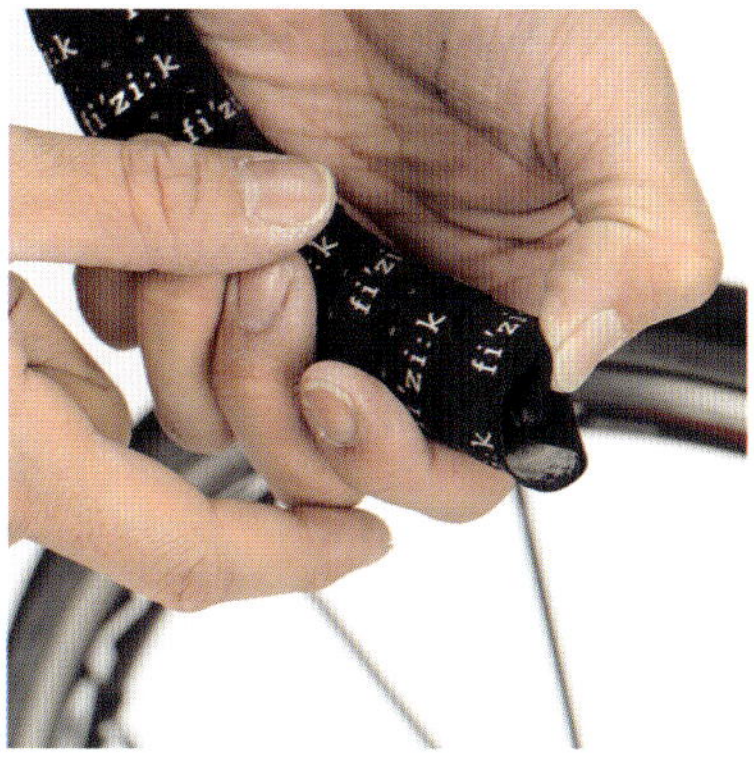

21 エンド部を内側に

はみ出させていたエンド部のバーテープをハンドル内側に指を使って折り込んでいく。

22 エンドキャップを付ける

親指の腹で押し込むようにして、付属のエンドキャップを取り付ける。

23 はまらない場合は

エンドキャップが奥まで入らない場合は、プラスチックハンマーで軽く叩いて入れる。

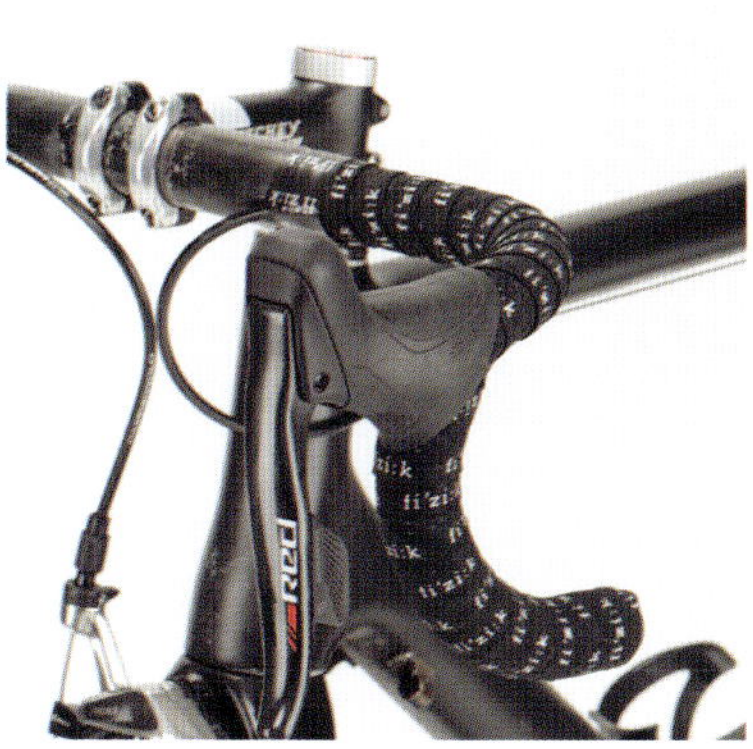

24 バーテープ交換完了!

片側のバーテープ交換が完了。同じ手順でもう片側も作業すれば完成だ。

Part3

03 街乗りにおすすめのパーツ

スポーツ自転車を街乗り仕様にするときにおすすめのパーツを紹介。用途によって必要なパーツを取り付けることで、利便性もアップする。

Basket & Front bag
バスケット&フロントバッグ

ちょっとした買い物などに便利

買い物などで実用的に使うならバスケットが便利だ。おすすめなのは、必要に応じてハンドルにワンタッチで取り付けできるタイプ。外してバッグとして持ち歩くこともできるし、必要のないときはバスケットを外しておけばいい。同じメーカーで互換性があれば、バスケットやバッグを目的別に取り付けることもできる。

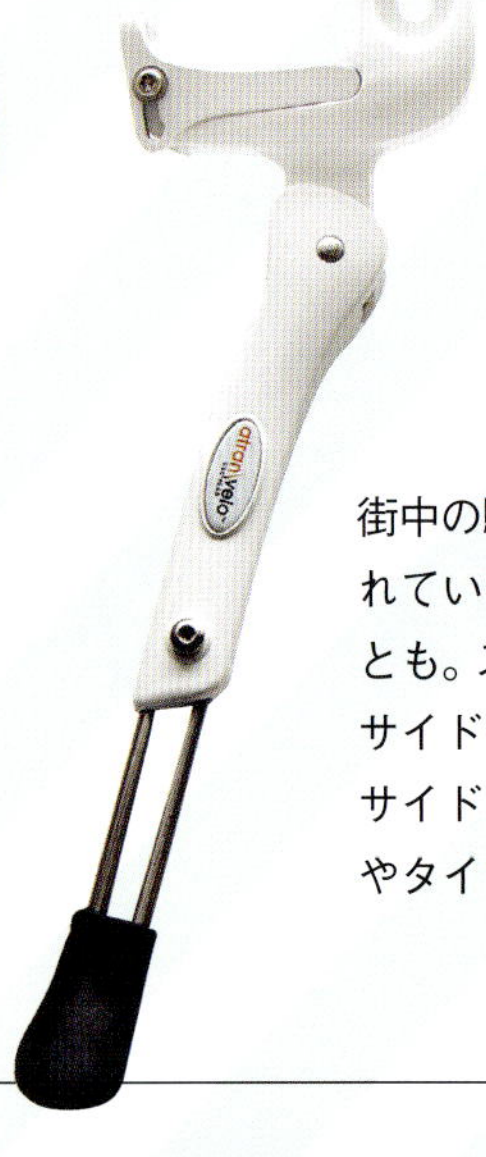

Stand
スタンド

ストップ&ゴーがラクラク

街中の駐輪スペースはスタンドのある自転車が想定されているので、走ることよりも停めるのに苦労することも。スポーツ自転車向けのスタンドは、センターとサイドの２種が主流。センタータイプは安定感に優れ、サイドスタンドはあまり外観をじゃましない。乗り方やタイプによって合うものを選ぼう。

Carrier & Pannier bag

キャリア&パニアバッグ

荷物が多い自転車旅などに

本格的なツーリング派ならキャリアを取り付けて、パニアバッグを使うのが積載能力をアップさせる最善の方法だ。バッグの着脱がワンタッチでできるタイプが主流で、室内に持ち込めるから荷物のパッキングがしやすい。ツーリングなら両サイドに取り付けるが、街乗りなら片側のみを使用するという方法もある。

ダボ穴の有無をチェック

ほとんどのクロスバイクには、リアキャリアをつけるための「ダボ穴」と呼ばれる穴がある。この穴があればキャリアを取り付けられる。ロードバイクの場合、ついていないものも多い。

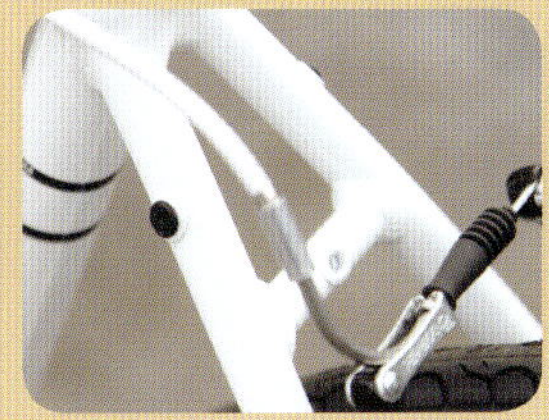

Leather Item

レザーアイテム

質感を揃えて高級感を演出

自転車をクラシカルな雰囲気に演出したいならレザー素材のアイテムをおすすめしたい。ブラウンだけでなく、さまざまなカラーの製品も販売されている。本革の自転車アイテムでは、ブルックス社の製品が代表的。手入れも必要となるが、レザー製品は使えば使うほどなじんで味が出てくる。

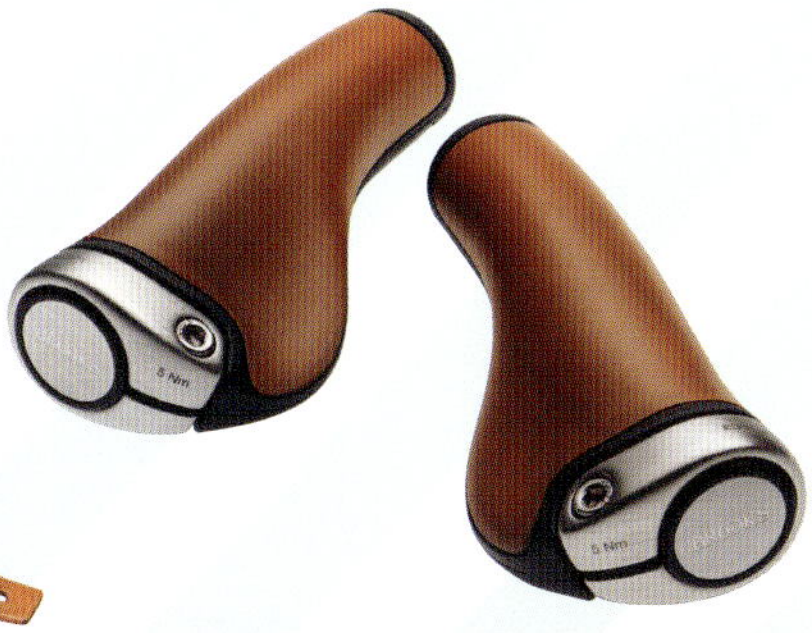

Part3

04

自転車で旅しよう

ロングツーリングなどスポーツ自転車は旅のツールとしても楽しいものだ。旅のプランの一部に自転車を組み込む方法もある。

小旅行からキャンプまでさまざまな自転車旅

自転車の楽しさを追求していくと出てくるのが、いろいろなところを走りたいという思いだ。ちょっと頑張って距離を長めにしたツーリングに出かけたり、クルマ、電車、飛行機を組み合わせれば行き先は無限に広がる。これらの旅の用途に最適なアイテムも数多く揃っている。

本格的な自転車のツーリングというと、ランドナーやツーリング車といった専用のスポーツ自転車にテントや荷物を積んでキャンプしながら何日も走るイメージがある。しかしロードバイクやクロスバイクでも、日帰りの旅ならボトルや補給食、パンクしたときのための予備のチューブなど最低限の荷物を持って気軽に出かけることができる。

宿泊旅の場合でも、目的地まで別の交通機関を利用すれば旅先で思う存分サイクリングが楽しめる。スポーツ自転車のホイールはクイックレリーズというシステムで簡単に取り外しができるようになっているため、クルマの荷台に入れたり、専用のバッグに入れて電車で持ち運ぶこともできる。

自転車の持ち運びが難しければ、梱包した自転車を宿泊先に送ってしまうという手もある。この方法のメリットは、観光地巡りなどの一般的な旅行に自転車を組み込めることだ。徒歩よりも素早く動けて、クルマと違って駐車場の心配もない。

また公共交通機関のように時間にも縛られない自転車は、観光地を巡るのに最適な移動手段だといえる。場所によっては、スポーツ自転車のレンタルもあるので、上手に活用したい。

自転車×旅を楽しむポイント

**慣れない土地をサイクリングするには少なからず緊張があるはず。
旅先で自転車を思う存分楽しむために快適に走るポイントを紹介しよう。**

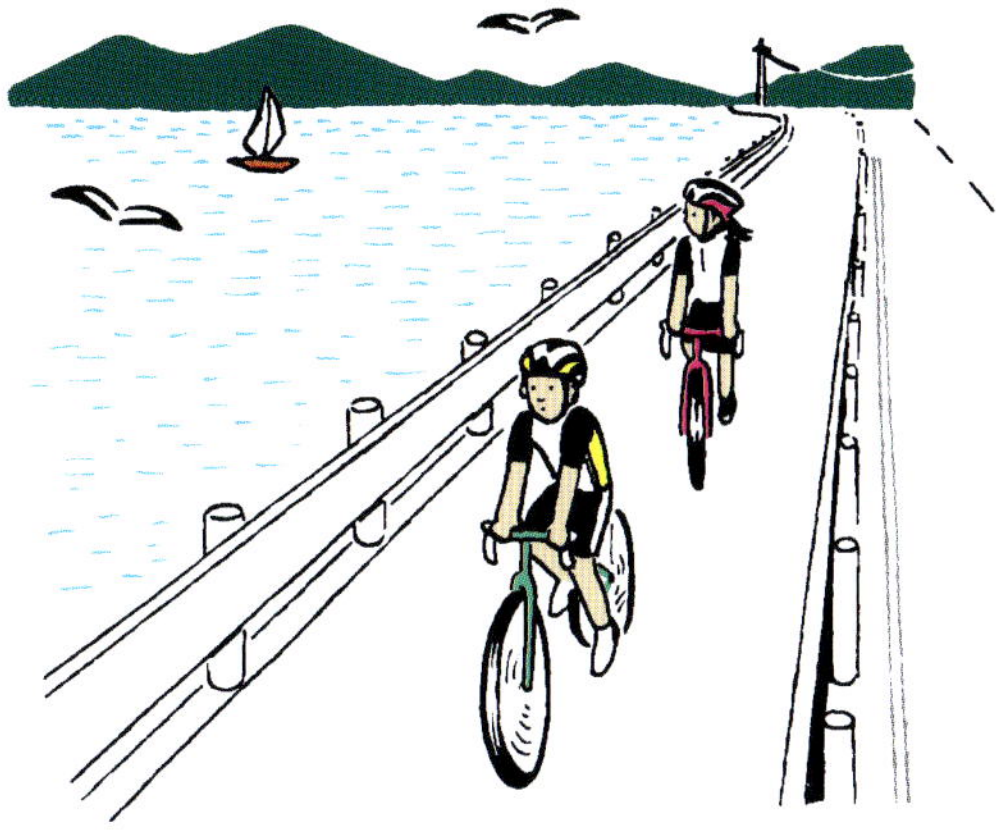

POINT 1

サイクリングロードを走る

走りやすいのは、全国各地に整備されているサイクリングロードだ。クルマが通らない安心感は何物にも代えがたい。景色のいい場所に設置されている道も多く、道に迷う心配も少ないのでストレスフリーで走行できる。

POINT 2

事前にコースをチェック

走るコースは家や宿泊先で事前に決めておこう。初めての自転車旅なら10～20km程度の無理のない距離で計画するといい。コンビニや自転車ショップなどをコース内に入れておくことでトラブルがあった場合に対応しやすくなる。

POINT 3

荷物は分散させる

荷物を背負う分と自転車に積む分とで分散させることで、重量配分が偏らず快適に走ることができる。貴重品などは、常に身につけているバックパックに入れておこう。重い荷物を背負うと腰などを痛める原因にもなるので要注意。

POINT 4

自転車を宿泊先に送るのも手

ただでさえ荷物の多い旅。自転車の持ち運びが難しい場合は、宿泊先に送ることもできる。ただし荷物の受け取りが可能かどうか宿泊施設に事前に確認しよう。梱包には輪行バッグ（P94参照）のほか、専用ボックスも発売されている。

Part 3

05 クルマ＋自転車の旅

クルマでも気軽に自転車を持ち運べるので、旅やイベント参加時に便利。クルマを組み合わせることで、混雑する市街地をスルーして思う存分楽しめるのだ。

クルマを使って極上フィールドにアクセス

緩やかなアップダウンが続く海岸線や、空気の澄んだ高原、はたまた、きつい坂のある峠道など、走って楽しい場所は数多くあっても自転車で自宅からアクセスというのは、なかなか難しい。そこで提案したいのが、目的地までクルマで行くということ。前後輪を外せば、ほとんどのクルマには自転車が積み込める。混雑した市街地を避けて、気持ちのいい場所だけを満喫できるのがクルマ＋自転車旅の楽しさだ。

　クルマに自転車を積むための専用キャリアを使えば、複数台の車載もラクラク。家族など複数人で出かける旅のプランに、サイクリングを組み込むことができる。クルマがあれば自転車の楽しみかたは大きく広がるのだ。

クルマ旅のポイント

クルマを組み合わせることで自転車ライドは圧倒的に便利になる。
メリットも多く、効果的に活用したい。

POINT 1

ホイールを外せばクルマに積み込める

２シーターのスポーツカーでない限り、自転車の前後輪を外せば自転車はクルマに積み込める。積み込む際は使わなくなった毛布などを利用して、自転車と車内を保護すると、どちらも傷がつきにくい。効率的に室内に積み込むためのキャリアも売られている。

POINT 2

専用のキャリアがあれば複数でもラクラク

簡単に取り外しできる背面キャリアから、クルマのルーフに車載できるルーフキャリアまで、自転車を積むための製品は多く発売されている。車外に自転車を積むメリットは、室内スペースを圧迫しないこと。複数台や複数人でも１台のクルマで移動できる。

POINT 3

クルマ旅なら携帯する荷物を最低限にできる

クルマで動くということは、旅先で荷物を置いておく場所があるということ。大きな工具やウェアなどかさばる荷物も持っていけて、走るときは最低限の装備にできる。注意したいのは、貴重品を必ず身につけておくことだ。

Part 3

06

クイックレリーズの取り外し

工具なしでホイールの脱着が可能なクイックレリーズは、非常に便利なシステムだが、使い方を間違えると思わぬ事故の原因ともなる。正しい操作方法を覚えよう。

前輪の脱着

ちょっとした車載時など、フロントホイールを外す機会は多いもの。注意したいのはエンド部に脱落防止のツメがあることだ。

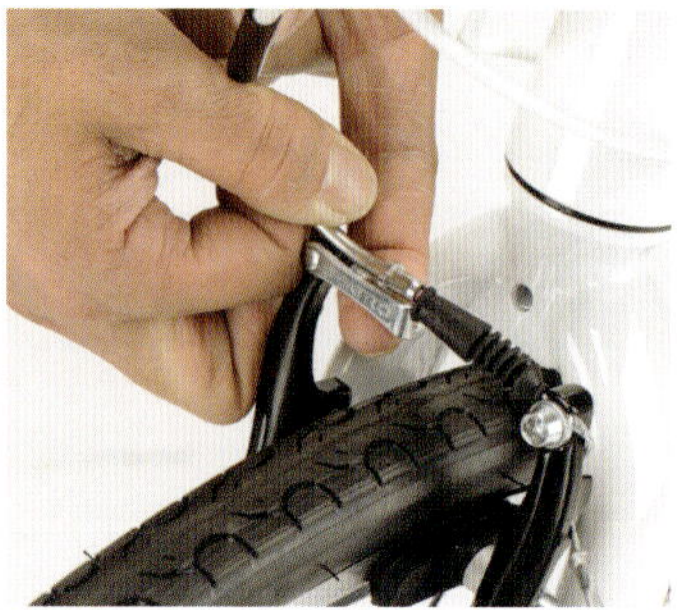

01 ワイヤーガイドを外す

Vブレーキの場合は、ワイヤーガイドを外す。キャリパーの場合はブレーキのクイックレリーズを操作する。

02 ブレーキが開放された

ブレーキが開放され、ホイールを外せるタイヤの隙間が確保された。

03 クイックレリーズを起こす

前輪軸部分のクイックレリーズレバーを起こす。脱落防止のツメがあるため、これだけでは外れない。

04 ナットを緩める

ナットを押さえながらレバーを左に回して緩め、脱落防止のツメを通過できるスペースを作る。

05 ホイールを外す

車体を持ち上げればホイールは外れる。外れない場合はブレーキシュー（P143）かツメが当たっているので確認。

06 前輪の取り外し完了

前輪を外すだけで室内保管や車載などが圧倒的に楽になる。取り付けは逆の手順で行う。

クイックレリーズの使い方に注意

スポーツ自転車の大きな特徴として挙げられるのが、ホイールの脱着を容易にするクイックレリーズを備えていることだ。これにより工具なしでホイールを取り外すことが可能で、後のページで紹介する輪行での作業効率も非常に高まる。

初級者がクイックレリーズを扱う際に犯しやすい間違いが、レバーを倒してロックせずに、回すだけでホイールを固定してしまうことだ。クイックレリーズは、ボルト締めに匹敵する固定力を得ているが、回すだけでは十分な固定力が得られず走行中にゆるんでしまう可能性がある。最悪の場合、ホイールが外れてしまうことも考えられるので、適切な操作方法を覚えよう。

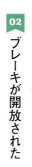

後輪の脱着

**駆動系を備えるリアホイールの脱着はフロントより難しい。
チェーンからうまくスプロケットを外すコツをつかむのが重要だ。**

取り付け

01 中心を内周に入れる

取り付けるホイールの中心をチェーンの内周にセットする。

↓

02 ギアとチェーンを合わせる

トップギアにチェーンを合わせる。同時にリアディレイラーの位置もトップにきているか注意する。

↓

03 エンドにアクスルを差し込む

そのまま車体を下ろして、エンドの中にホイールのアクスル（軸）をセットする。奥まで入っていることを確認する。

↓

04 タイヤの隙間を確認

ホイールが正しい位置に入れば、チェーンステーやシートステーのセンターにタイヤが収まる。

↓

05 クイックを倒す

クイックレバーをクローズ側に倒す。このときの力の目安は、手のひらが軽く痛む程度だ。

↓

06 再度、隙間を確認

ブレーキケーブルを固定しホイールを回して、フレームやブレーキシューと当たってないか確認して終了。

取り外し

01 リアをトップギアに

外す前にリアをトップ側（一番小さい外側の歯）に変速する。これでホイールが外しやすくなる。

↓

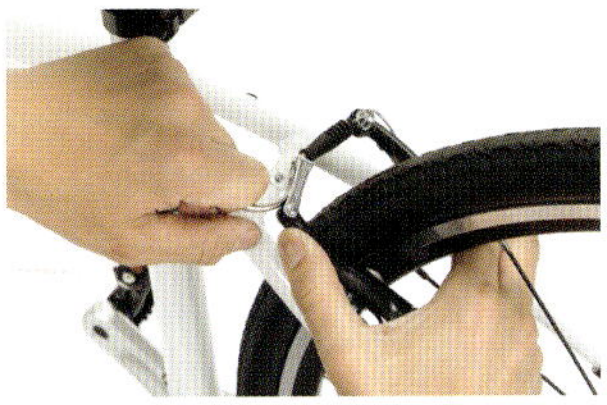

02 ブレーキを開放

フロントと同様に、Vブレーキ（クロスバイク）、キャリパーブレーキ（ロードバイク）、それぞれの方法でブレーキを開放。

↓

03 隙間を確保

ブレーキシューがリムから離れることでタイヤを通過させるスペースが生まれる。

↓

04 クイックを緩める

クイックレリーズレバーを開放側に倒す。フロントと違い脱落防止のツメがないのでナットを緩める必要はない。

↓

05 車体を持ち上げる

車体を持ち上げホイールを外す。リアディレイラーのケージを前に押してチェーンを緩めスプロケットと分離する。

↓

06 取り外し完了

チェーンとスプロケットが外れれば、そのままホイールを外すことができる。

Part 3

07

電車＋自転車の旅

自転車は輪行バッグに入れれば電車で持ち運ぶことができる。移動に電車を組み合わせることで、日帰り旅でもより遠くに行けるのだ。

電車を使えば長距離でも無理がない

遠くまで走りたい！　そう思うのは多くのサイクリストに共通するところ。しかし、自転車で遠くに行けば行くほど同じ距離を戻ってこなければならない。それゆえに、ゆとりをもった計画が必要になるが、帰路に電車を使えばそんな心配も杞憂となる。輪行バッグを持参しておけば、帰りは自転車を梱包して電車で帰れるのだ。

自転車を電車内にそのまま持ち込める「サイクルトレイン」も多くの鉄道会社が実施している。常時可能なところと、特定日にイベントで実施しているところがあるので、調べてから利用しよう。上の写真は安曇野や白馬の雄大な自然を堪能できるロングライドイベント、「アルプスあづみのセンチュリーライド」のひとコマだ。

輪行旅のメリット

輪行バッグに自転車を収納すれば電車などでの移動が可能。
公共交通機関を組み合わせることで旅の範囲を大幅に広げることができる。

POINT 1

始点と終点を別の場所にできる

輪行の最大のメリットは、クルマを利用する場合と違ってスタート地点に戻る必要がないことだ。往路のみ自転車、復路のみ自転車など、無理のないプランを設定することもできる。

POINT 2

輪行バッグなら車内に持ち込める

電車をはじめほとんどの公共交通機関は、輪行バッグに入れた自転車なら車内に持ち込むことができる。サドルやハンドルなど一部分でもバッグから出てむき出しの状態では輪行と認められないので注意。

POINT 3

全国に広がるサイクルトレイン

自転車を輪行バッグに入れず、そのまま電車内に持ち込めるサイクルトレイン。全国の私鉄を中心に、実施する鉄道会社も増えてきた。写真は秩父鉄道で、区間や利用除外日、利用不可駅など制限はあるが、波久礼から三峰口間において通年で実施。

Part 3

08 輪行の方法

そのままでは公共交通機関に持ち込めない自転車を、専用の袋に収納して、持ち込みを可能にするのが輪行だ。

ボトルケージに収まるコンパクトサイズもある

広げれば前後輪外した自転車がすっぽり収まる輪行バッグ。使わないときはボトルケージに収納できるほどコンパクトにたためるものも多い。愛車に対応するかどうか、調べてから購入するのがおすすめ。

バッグ以外に必要なアイテム

エンド金具(保護やフレームを立たせる役目をする。バッグに同封されているのが一般的)やストラップ、パッドなどは必要に応じて用意する。ただし、フットワークの軽さが輪行の持ち味なので、荷物が多くなるのは避けたい。

飛行機OKの輪行バッグも

手荒な扱いをされがちな飛行機での輪行に対応した、プロテクション性能の高いケースも多く発売されている。注意したいのはバッグの自重も重くなりがちなこと。よく利用する航空会社の預け入れ可能な手荷物のサイズや重さを確認して考えたい。軽さで選ぶなら段ボールという手もある。

自転車の自由度を高める輪行スタイル

自転車を輪行バッグと呼ばれる袋に入れて移動するのが輪行だ。基本的に、自転車はそのままや、梱包した状態でも、折りたたまずに収納したものは公共交通機関に持ち込むことはできない。

最初は輪行バッグに自転車を詰める作業は難しく感じるが、慣れてしまえば、10分程度で苦もなく行える。注意したいのは自転車が一部分でも袋から露出していると、輪行と認められなくなってしまうこと。愛車に合ったサイズの輪行バッグをショップで購入しよう。

また、袋の中でパーツ同士がぶつかり合うと傷や故障の原因になるので、梱包材や布などをうまく利用して丁寧に梱包したい。自分で持ち運ぶときはもちろんだが、車載したり飛行機にのせる場合などはとくに気をつけよう。

自転車の収納方法

**最初は難しく感じる輪行の作業も慣れてしまえばテキパキと行える。
実際に輪行する前に何度か練習しておきたい。**

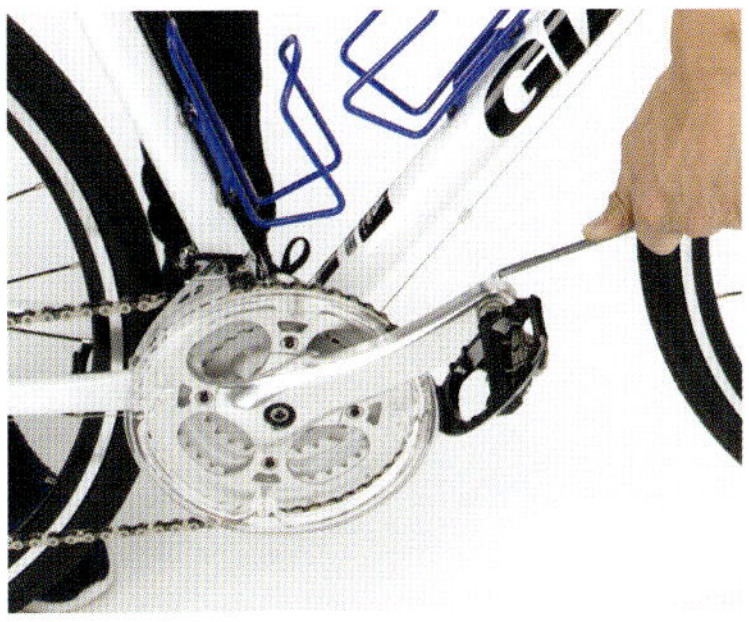

01 ペダルを外す

横側に露出しているペダルはホイールを傷付けやすい。うまく袋詰めするためにも必ず外そう。

02 前後ホイールを外す

ホイールを前後とも外す。作業はフロントホイールからはじめるとスムーズに外せる。

03 クイックを抜く

クイックレリーズを取り外す。残しておくとフレームと当たってキズをつけやすい。

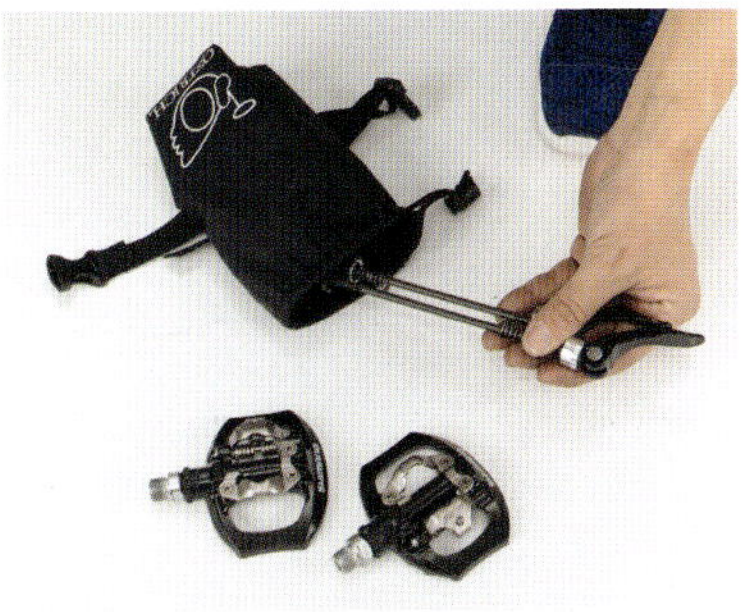

04 付属品をまとめる

ペダルやクイックレリーズは、ひとつの袋にまとめておくことで、紛失しにくくなる。

05 スプロケットは軍手でカバー

フレームなどに当たってキズをつけやすいスプロケットは軍手でカバーするのがおすすめ。

06 しっかりカバー

軍手をはめた手でスプロケットを握ったら、そのまま裏返してカバーする。軍手は使い古しでOKだ。

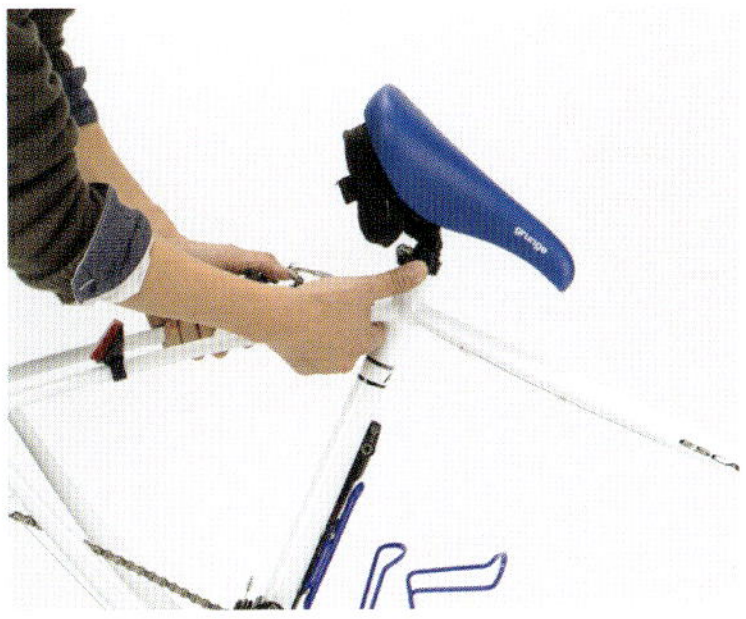

07 サドルを下げる

使用する輪行バッグによってはサドルを下げないと収まらない場合もある。これは必要に応じて行う。

08 エンド金具を組み立てる

エンドのほか地面から浮かせてリアディレイラーも守るタイプの金具がおすすめ。

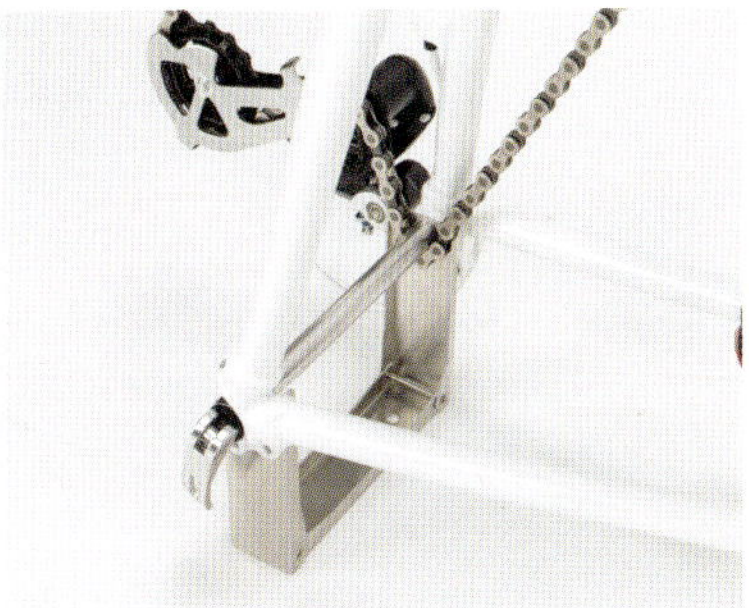

09 エンド金具を取り付ける

リアエンドに金具を取り付ける。フロントも簡易的なものでいいので取り付けたい。

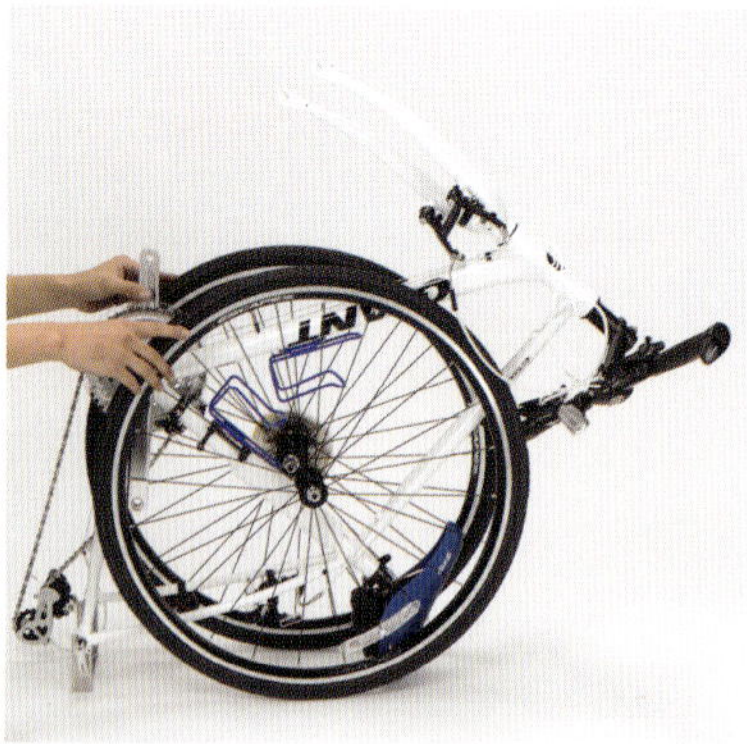

10 前後ホイールで車体を挟む

リアエンド金具とサドルで立てるのがセオリー。ホイールを両側にセットする。

11 フレームを保護

フレームを傷付けないためにホイールと当たる部分はパッドを取り付ける。

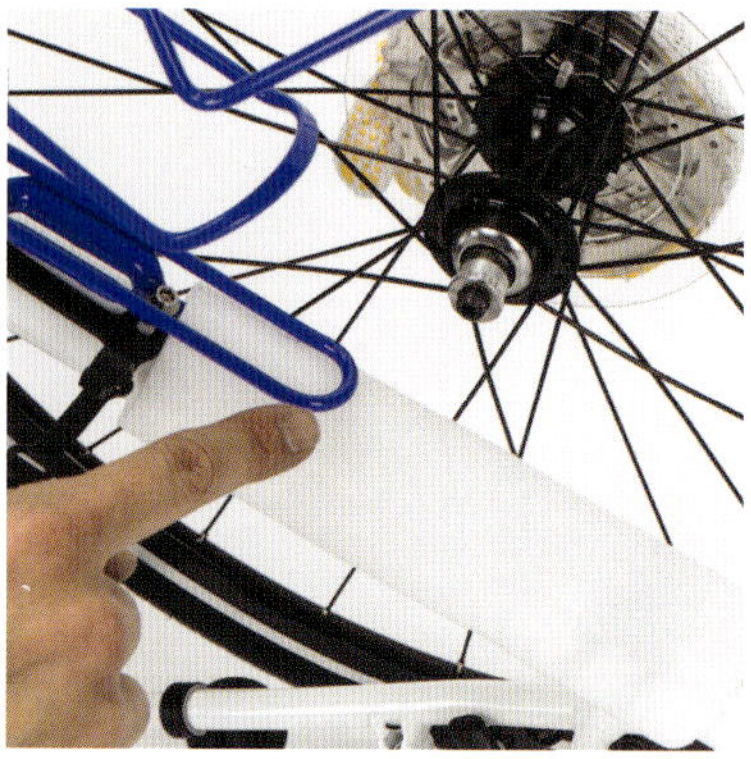

12 ハブ軸に注意

クイックを外したハブ軸はバイクを傷付けやすい。接触しそうな部分はパッドなどで保護する。

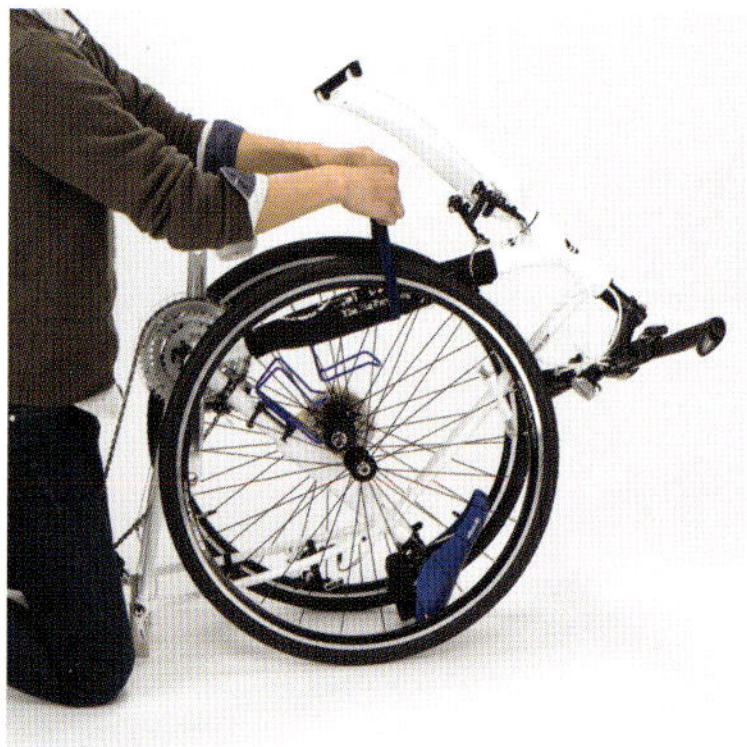

13 ストラップで固定

車体を挟んだ前後ホイールをストラップで固定する。

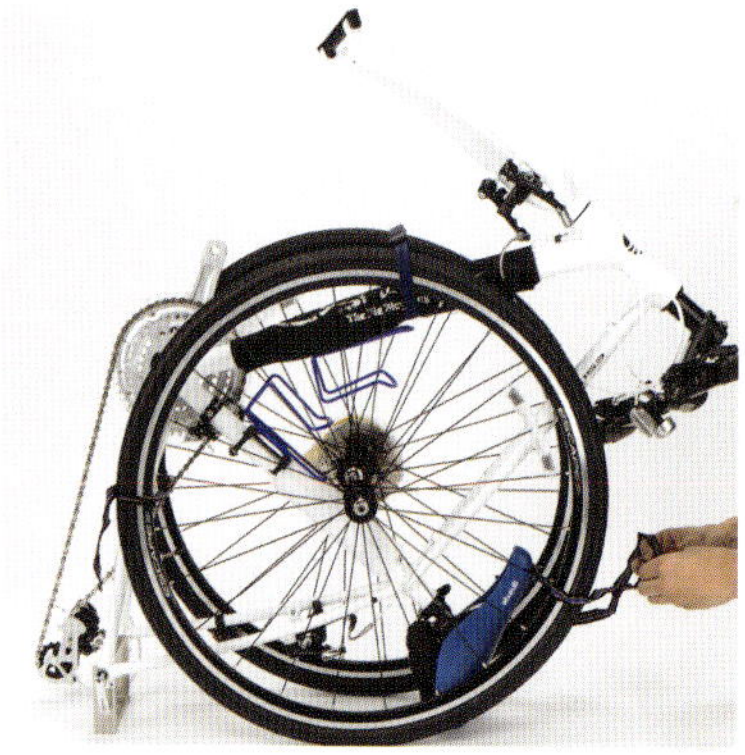

14 さらに固定する

1ヶ所だとホイールが動いて自転車を傷付けるため、合計3ヶ所ストラップで固定する。

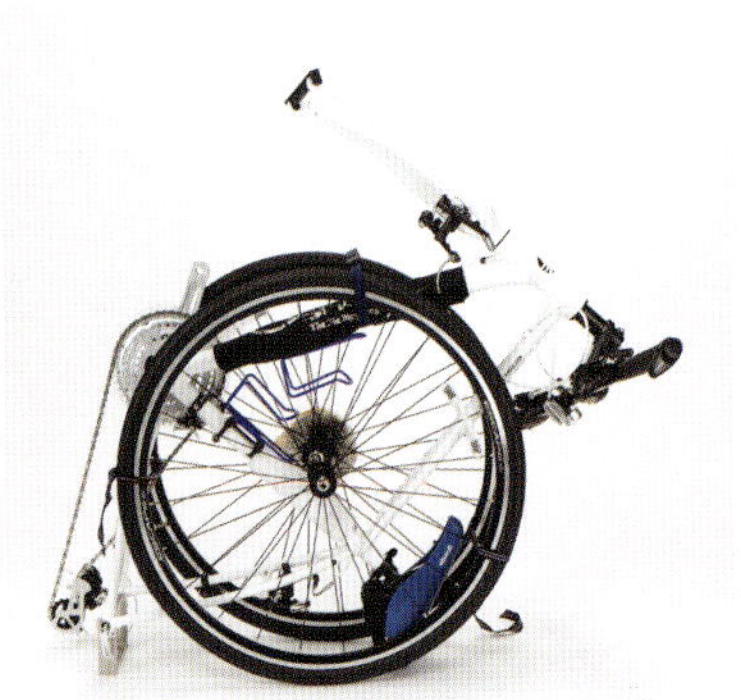

15 自立するように

この状態で自立するようにしておくことで、車内などに置きやすくなる。

16 ベルトを取り付ける

輪行バッグに付属するショルダーベルトをクランク軸に取り付ける。

17 輪行バッグを広げる

バッグの底面を地面に置いて広げる。入れる向きが記されている輪行バッグもある。

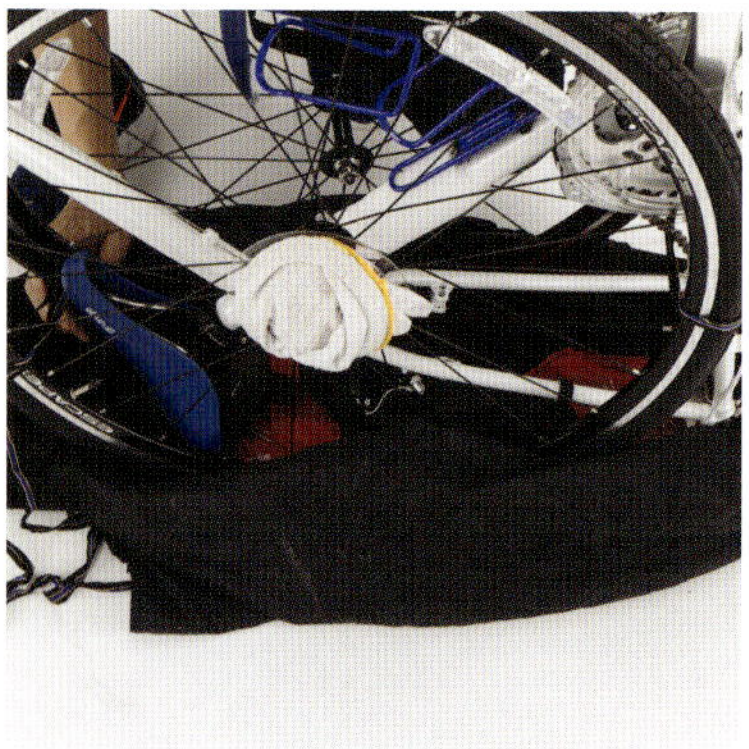

18 自転車をセットする

輪行バッグが指定する向きになるようにサドルとエンドを合わせて自転車を置く。

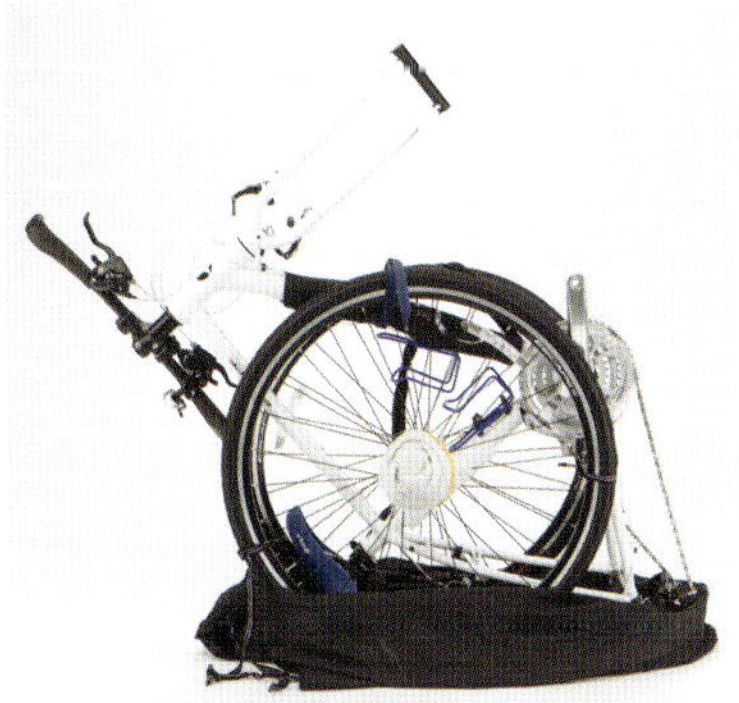

19 収納前の状態

バッグに収納する前はこの状態になる。ここからバッグの端を引き上げ、かぶせていく。

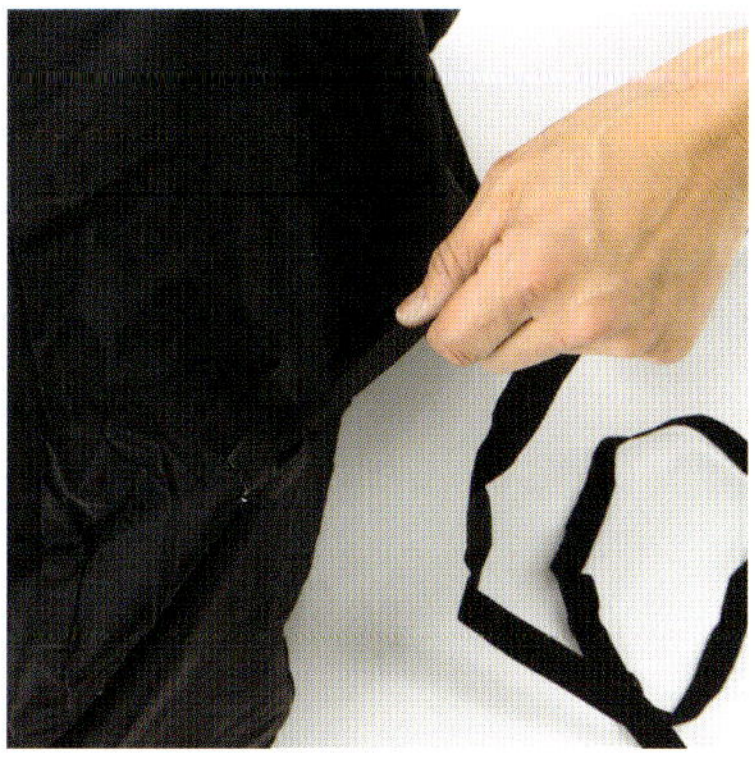

20 ショルダーベルトを通す

ショルダーベルトを輪行バッグの穴から引き出して、外側に通す。

21 バッグを引き上げる

ショルダーベルトを取り付けたクランク部分と、輪行バッグの穴の位置を合わせるように収納していく。

22 ステムにベルトを取り付け

外側に出ているショルダーベルトのもう一端をステム部分に取り付ける。

23 付属品袋をバイクに固定

ペダルやクイックレリーズを入れた袋はフレームなどに固定する。

24 輪行バッグを閉じる

上部のコードを引いてバッグを閉じる。コードは、ほどきやすいように結んでおく。

25 収納が完了

輪行バッグへの収納が完了。ショルダーベルトを肩にかけて持ち運ぶ。

Part3

09 自転車イベントに参加しよう!

スポーツ自転車、とくにロードバイクの自転車イベントは全国各地で行われている。イベントにもジャンルがいろいろあるので、イベントの種類を紹介しよう。

photo:FUNRiDE

自転車イベントはジャンルや楽しみ方が豊富

自転車イベントとひと言でいっても、さまざまなジャンルがある。まずはどんなイベントがあるか、自転車イベントを紹介するウェブサイトや、実際に申し込みができるイベントのエントリーサイトなどで確認しよう。もちろん1人で参加することも可能だ。

ランイベントの場合はフルマラソン、ハーフマラソンなどおもに距離が選ぶポイントとなるが、自転車イベントは選ぶポイントがいろいろある。例えば、公道を長距離走るロングライドなのか、山道を上るヒルクライムなのか、サーキットを走る耐久レースなのか。ジャンルによって走る場所や距離、必要な力などが大きく変わってくる。競技志向ではなく、ご当地グルメを楽しむグルメサイクリングなどもある。

どのジャンルのイベントでも、自転車イベントに参加する際に大切なことは事前の準備だ。イベントに出る1週間前には持ち物を用意しておこう。当日は、ゼッケンや申込書類など忘れ物のないように注意。とくにヘルメットを忘れると参加できない場合が多いので気をつけよう。また、パーツを交換する必要があるなら、交換したパーツに慣れておくことも大切。新品パーツで当日を迎えることは避けたい。

自分が走るだけでなくプロの走りを見られる「レース観戦」も、イベントの楽しみのひとつだ。「ジャパンカップ」や「ツアー・オブ・ジャパン」は、日本人選手はもちろん、世界中のプロ選手が参加するロードレース。公道を利用して開催されるので、ぜひプロの走りを間近で見てみよう。

イベントを楽しむポイント

イベントへの参加は、もちろん1人でもOK。
はじめてのイベントを存分に楽しむために、以下のポイントを押さえておこう。

参加が決まったら 宿泊施設を早めに手配

前日泊の必要があるイベントへの参加が決まったら、すぐに宿泊施設を予約しよう。当日の受付時間が早いイベントも多いので、できるだけ近くのホテルをとろうと考えるのは、ほかの参加者も同じだ。

イベントのエントリーは ウェブサイトから

大半のイベントは、大会のウェブサイトや申し込みサイトからエントリーを行う。イベント実施日の3ヶ月前くらいから申し込みが始まるが、人気のイベントはすぐに定員に達してしまうのでこまめにチェックしよう。

自転車レース観戦も おすすめ

自転車レースは出るだけではなく観るのも楽しい。ロードレースでは、ものすごいスピードで走る選手の集団を間近で見られる。ツール・ド・フランスなど、景色の美しいヨーロッパを走るレースを映像で見るのもおすすめだ。

走るだけじゃない イベントの楽しみ

自転車イベントには自転車メーカーのブースや飲食店のテントが出展しており、買い物や飲食が楽しめる。その場でしか手に入らないものや、掘り出し物があるかもしれない。また忘れ物があれば補填することもできる。

サイクルイベントの種類と特徴

ここでは、人気がある自転車イベントのジャンルとその特徴を紹介。
イベントは全国で行われているので、いい季節や場所を選んで出かけよう。

グルメサイクリング

ご当地グルメなどを味わえるサイクリング

旬のグルメや地元の名産などを味わいながら走る、サイクリングイベント。コースに点在するエイドステーションで、地域の特産品や人々とのふれあいを楽しもう。コース難易度は優しい設定のものが多く、距離によっては子どもでも参加できる。

DATA
初心者向き：★★★
距離：5km～100km
着順の有無：なし

爽快な走りを楽しめるうえに、補給食いらずでお腹も満たされるとあって人気。

グランフォンド

山岳コースがメインのロングライドイベント

山岳コースで行われるグランフォンド。峠を含んだアップダウンの大きいコースで相対的に走る距離も長いが、緑の中を自分のペースで思う存分走れる。着順の計測はあるが、他の人と順位を競うというよりも、長距離ライドを楽しむ意味合いが大きい。

山登りの自転車版のような感覚で楽しめるイベント。このうえない達成感が得られる。

DATA
初心者向き：★★☆
距離：5km～300km
着順の有無：あり

ヒルクライム

山や上り坂のコースを走るタイムレース

ひたすら山を上って順位を競うレース志向の強いイベント。己への挑戦として、同じ大会に毎年参加してタイムを縮めることを目的にする人も多い。レースイベントの中では比較的安全なので、初心者に人気がある。タイム計測付きであることが多く、順位もつく。

DATA
初心者向き：★★★
距離：5km～50km
着順の有無：あり

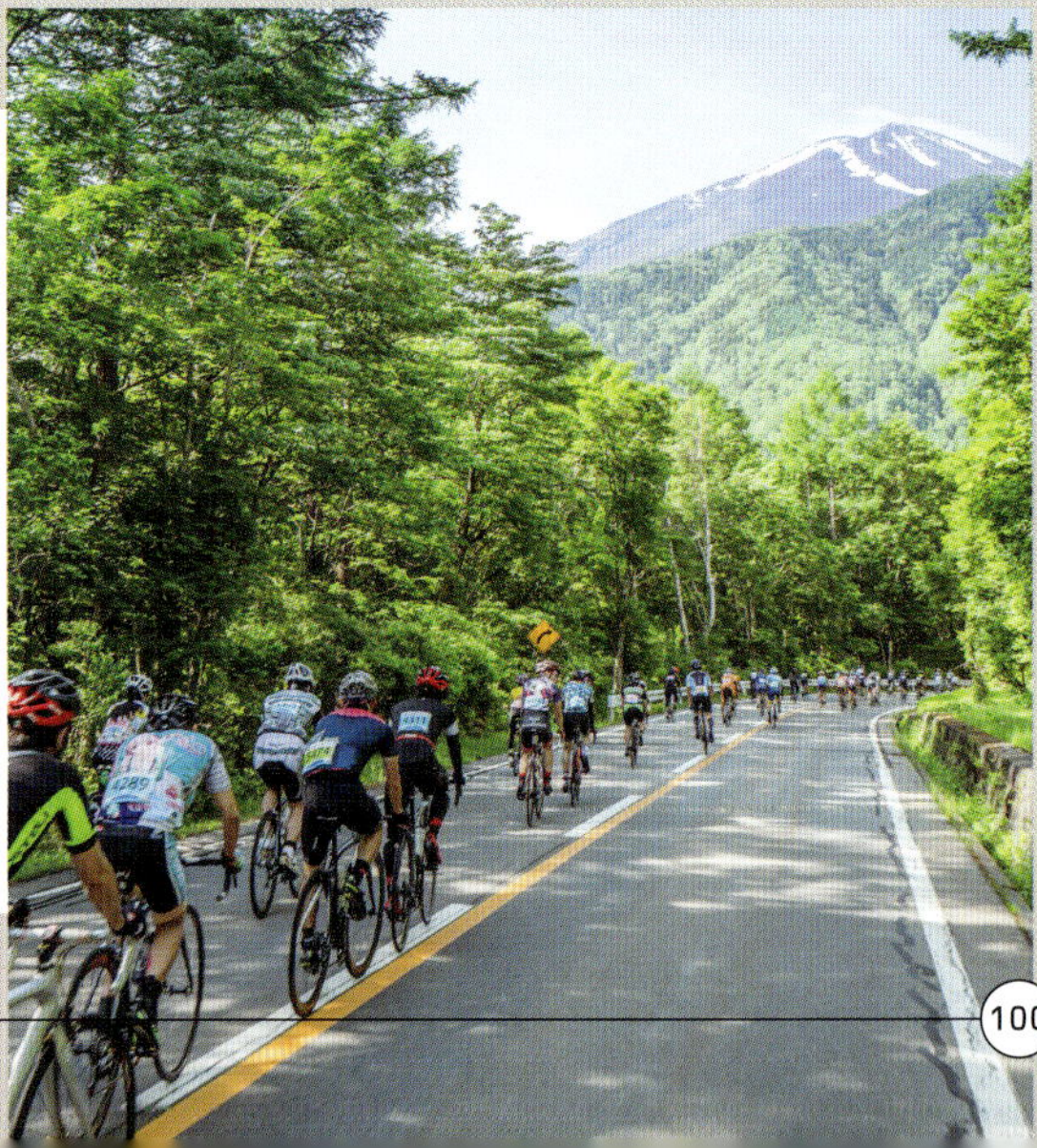

代表的なヒルクライムイベントは富士山を上る「Mt.富士ヒルクライム」。1万人の参加者でにぎわう。

エンデューロ

周回コースを規定時間走る耐久レース

クルマのサーキットを利用したコースを、一定の時間で何周できるか競う。4～12時間くらいのレースが一般的。1人参加のものから、グループでチームをつくり、交代しながら周回を重ねていくものまである。普段走れないサーキットを走れるのも人気のポイント。

DATA

初心者向き：★★☆
距　　離　：100km～250km
着順の有無：あり

チーム参加の場合、待っている間は食べたりくつろいだり、長時間レースでは仮眠をとることも。

ロードレース

公道のコースでタイムを競う

一斉にスタートし、いちばん最初にゴールラインを超えた人の勝ち。ある程度の距離までは空気抵抗を避けるために集団で走る。登録選手向けのレースがほとんど。一般参加ができるものもあるが集団走行には技術が必要なので、初心者にはおすすめできない。

ロードレースは観戦で楽しもう。レース展開が把握でき、選手の表情も見えるテレビ観戦もおすすめ。

DATA

初心者向き：★☆☆
距　　離　：10km～200km
着順の有無：あり

クリテリウム

テクニックが必要な上級者向け周回レース

走行距離の長いロードレースの魅力をぎゅっと凝縮し、比較的短時間にしたレースがクリテリウムだ。一般的なロードレースと違って小周回コースで行われる。そのため選手が何度も目の前を通るので観戦もエキサイティング。初めてのレース観戦にもおすすめしたい。

DATA

初心者向き：☆☆☆
距　　離　：30km～80km
着順の有無：あり

40km/hを超える速度で走る自転車を間近で見られる。ゴール前で繰り広げられるスプリントも圧巻。

Part 3 10

スポーツ自転車で健康に!

運動不足の解消や健康維持に効果的なスポーツ自転車。健康への効果を、品川志匠会病院副院長の平泉裕先生に伺った。

スポーツ自転車は生活習慣病予防に最適

運動不足や偏った食事、喫煙、過度の飲酒、ストレスなど好ましくない生活習慣や環境が積み重なることでもたらされる「生活習慣病」。高血圧、脂質異常症、糖尿病などが生活習慣病と呼ばれるが、それらは気が付かないうちに進行し、血管や心臓、脳などにダメージを与える。その結果、動脈硬化が進み、狭心症や心筋梗塞、脳卒中など命に関わる恐ろしい疾患を引き起こすことになる。そうなってからでは手遅れのため、生活習慣病と診断されたら、症状がなくても食事や運動などの習慣を見直し予防に努めることが大切だ。

生活習慣病にもっとも効果がある運動は、「心拍数の上昇が軽度な運動を長時間行う」有酸素運動である。有酸素運動は、体の代謝をあげて脂肪を燃焼させることに効果的で、楽に長く運動できるスポーツ自転車でのサイクリングは、生活習慣病予防にもうってつけといえる。脂肪燃焼を目的とするなら、スポーツ自転車での運動は1度に30分以上乗り続けるのが効果的。心拍数でいうとハアハアと息が切れる手前の軽〜中程度の強度で、酸素を多く取り込む意識で乗るといい。

同じ有酸素運動にランニングがあるが、体への負担はサイクリングのほうがずっと軽い。ランニングでは体を支える膝をはじめアキレス腱、腰などに故障が出やすいが、自転車は体重を分散させることができるので故障が少なく、肥満の人がはじめるスポーツとしてもおすすめできる。痛みを引き起こさないためにも、力んだペダリングではなく気持ちがいいと感じる程度のペースを意識しよう。

サイクリングを習慣づけることが大切

生活習慣病予防や健康維持のためにサイクリングをするなら、歯みがきや入浴のように、日常生活の中に習慣づけて行うことが大切だ。最初は週に1～2回、30分程度乗ることからはじめ、慣れてきたら回数や時間を延ばしていく。通勤に自転車を使用するなら、まずは週に1度からはじめて徐々に増やしていこう。休日しか乗れないなら、1回に乗る時間を増やすと良い。

ただ、基礎代謝をあげることを目的にする場合、週に1回よりも毎日乗るほうが、効果が高い。体の機能は、運動を休めると休眠状態に陥り、基礎代謝が下がる。毎日乗れば基礎代謝の上がった状態をキープできるので、1日30分でも毎日乗ったほうがいい。

サイクリングを習慣化させるためには、「気持ちよく走る」のがポイントだ。過度に長時間乗ったり、強い負荷をかけた走り方では、体が「辛い」と感じて三日坊主になってしまうだろう。それよりも、「気持ちがいい」「楽しい」という感覚を大切にしたい。交通量の多い街中では、信号やクルマの往来も多く、常に周囲に注意しながら走る必要がある。そのため自転車通勤をする場合には、できるだけストレスの少ないルートを見つけよう。休日にサイクリングを楽しむなら、クルマや電車で自転車を運び、景色のいい場所だけ走るというのもひとつの手だ。

「気持ちがいい」走りで副交感神経を優位にする

気持ちよく走ることは、習慣づけのためだけでなく、心や体のリラックスにも効果がある。汗をかくことや、「気持ちがいい」と感じることで副交感神経を優位に働かせることができるからだ。

自律神経には、交感神経と副交感神経があり、健康維持にはその両者のバランスが整っていることが不可欠。ところが現代人の大半は交感神経が緊張状態にあり、睡眠や体を休息させることで疲労やダメージを修復す役割の副交感神

生活習慣病対策に有効な自転車

有酸素運動であるスポーツ自転車は、生活習慣病の予防や対策としても効果的。ランニングなどに比べて体への負担も少ないので、積極的に取り入れよう。

高血圧に

有酸素運動で血管をやわらかく

高血圧が続くと動脈が硬くなる動脈硬化が起こり、脳や心臓のさまざまな病気を引き起こす。自転車で運動習慣がつくと、血管がやわらかくなるホルモンが生成され、動脈硬化を和らげてくれる効果がある。

脂質異常症に

代謝をアップさせて脂肪燃焼

悪玉コレステロールが増える、善玉コレステロールが減ることにより動脈硬化を進行させる疾患が脂質異常症。運動不足などが関係しているといわれるので、自転車などの有酸素運動で代謝をアップさせるといい。

糖尿病に

血圧を上昇させずに血糖値を下げる

眼や腎臓に障害が起こるなど、さまざまな合併症を引き起こす糖尿病。血糖値を下げる手段として有酸素運動が有効といわれる。自転車は、比較的緩やかな血圧上昇で糖分を燃焼させる有酸素運動であるため、治療や予防に適している。

健康維持におすすめの乗り方

**健康維持にスポーツ自転車を利用するなら、有酸素運動であることを意識。
無理のないペースで始め、運動習慣をつけることを心がける。**

POINT 1
1回30分〜1時間

最初は1回30分程度からスタートし、除々に回数や距離をのばしていく。フィットネスとしてのサイクリングであることを考えると、30分以上は必要。自転車にサイクルコンピュータを取りつけて成果を視覚化するのもおすすめ。

POINT 2
週に2回以上乗る

基礎代謝アップの効果を狙うなら、週に2回以上、最終的には毎日乗ることが好ましい。そのためにも自転車通勤を取り入れたい。会社までの自転車通勤だけでなく、家から2〜3駅遠くまで自転車で行き、そこから電車を利用するという使い方も。

POINT 3
心拍数は中程度で

脂肪燃焼に効果的な心拍数は、息がきれてハアハアとなってしまう手前まで。重度すぎると運動が長続きせず、エネルギー消費も減る。かといって軽度すぎても運動の効果が出にくいため、息がきれず、少し汗をかく程度の強度を意識しよう。

経がうまく働かない傾向にある。副交感神経を活性化させれば、全身の血液循環がよくなる。それによって筋肉がゆるんで血管が広がり内臓の働きが活発になるため、免疫力もアップするといわれている。

副交感神経を優位にするためにも、気持ちのいい運転で肩の力が抜ける感覚を味わおう。

食事だけで制限するよりも運動を取り入れよう

運動習慣がつくと、ある程度好きな物を食べられるようになる。もちろん過剰な摂取は禁物だが、「サイクリングした日に限っては好きな物を食べていい」など、食事をご褒美にするといい。同じものを食べて同じ時間自転車に乗っても、「食べてしまった」という罪悪感で自転車に乗るのと、乗ってから気持ちよく食べるのでは、心の負担が大きく異なる。好きなものが食べられることは、習慣づけのモチベーションにもなる。

また肥満の悩みを抱える人は、これまでにだんだん体重が増えて毎年洋服が着られなくなる経験をしたことがあるだろう。自転車を習慣づけると、逆の意味で、つまり洋服のサイズが大きくなって買い替えを迫られるという逆のコースをたどるかもしれない。そういった体型の改善を実感すると「前の体に戻りたくない」という意識になってくる。さらに体型が変わるとジーンズなどカジュアルな服装で自転車に乗ることに違和感がなくなるため、それがさらなるモチベーションにもつながる。

そういった「気持ちよく走る」ための自分なりのモチベーションを見出し、サイクリングの習慣をぜひ長く続けてほしい。

平泉 裕

品川志匠会病院・副院長。昭和大学医学部整形外科学講座客員教授。日本整形外科学会専門医、日本健康予防医学会理事長、日本体育協会公認スポーツドクターなど。毎週末に全国のフルマラソンやトライアスロンに参加する強靭な体をもつ。

フィットネスサイクリングのポイント

有酸素運動の効果を高め、副交感神経を優位に働かせるために
「気持ちがいい」と感じ、習慣づけられるサイクリングのポイントを紹介。

景色や路面状態がよく気持ちの良い場所を走る

走る場所を選べるなら、景色がよく、路面にストレスのない道を走るのがベスト。街中でも信号やクルマ通りの少ない道や時間帯を選びたい。また始めたばかりの人なら、常に周囲への集中力を必要とする夜間の走行も避けたい。

ハンドルを握る手や肩の力を抜いて走る

手や肩がこわばった緊張状態で走っていると心がリラックスできないだけでなく、痛みを引き起こす原因にもなりかねない。街中を走る際の危険回避に対する集中力は必須だが、体は力まず肩の力を抜くことを心がけたい。

サイクリングの後は好きなものを食べる!

生活習慣で暴飲暴食を繰り返すことはもってのほかだが、サイクリングをした日だけは好きなものを食べるなど、ストレスの少ない食事制限をするのが長続きのポイント。運動したあとの食事は、より一層おいしく感じられるだろう。

サイクリング仲間を見つけて一緒に走る

運動を習慣づけられるかどうかにおいて、仲間がいるかどうかは大きなポイント。自転車ショップのチームに参加したり、会社で仲間を見つけるなど、一緒にサイクリングやイベントを楽しむ自転車仲間をつくろう。

ケガの応急手当と不調対策

自転車に乗っていると、一度は落車や転倒によってケガをすることがあるかもしれない。自分だけでなく仲間にトラブルがあったときにできる応急手当の方法を紹介。

ケガの応急手当

自転車で転倒した際に真っ先にすべきことは、安全な場所の確保。クルマとの接触など二次被害を防ぐためにも、冷静に行動しよう。

まずは安全な場所を確保

CASE 1 意識不明

すぐに救急車を呼びAEDの確保を

呼びかけても反応がない意識障害や、手足が動かしにくいなどの麻痺がある場合はその場からできるだけ動かさない。すぐに救急車を呼び、周りの人に助けを求めよう。近くにAEDがないか、医師がいないかなどを確認してもらうといい。

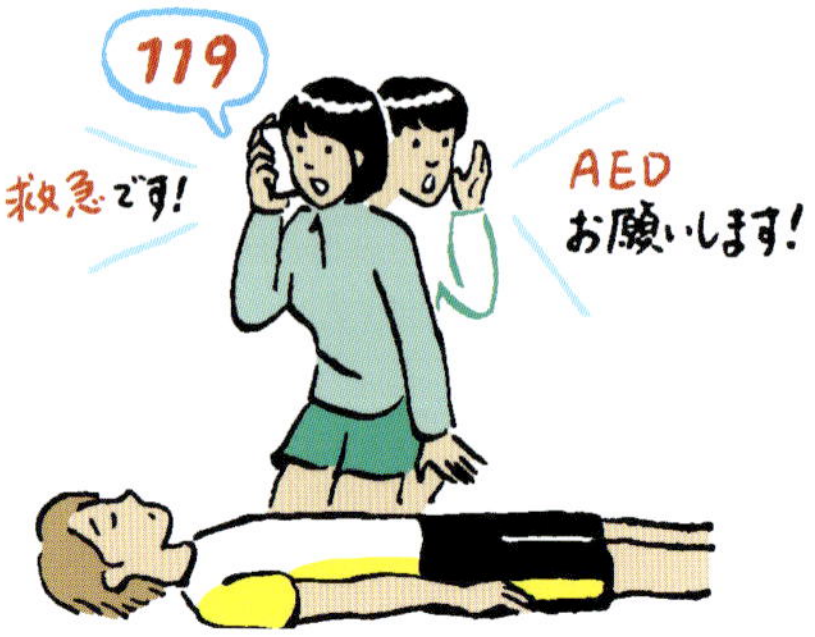

CASE 2 骨折

骨折の疑いがあるときは動かさず患部を固定

患部を動かさないようにし、傷や出血の手当をする。骨折した（あるいは可能性がある）患部を副木や代用できるもので固定し、動かないように固定する。自転車には乗らず、早めに医療機関を受診しよう。仲間や周囲に人がいない場合は救急車を。

CASE 3 出血

出血がひどい場合は傷口を圧迫する

出血している部分に布やガーゼ、タオルなどを当て、その上から手のひらで圧迫するようにつかむ。その際、感染予防のためにビニール袋やビニール手袋を使用するのが望ましい。傷口は心臓よりも高い位置まで上げておく。

その場でできることを冷静に判断する

自転車で多いケガが転倒による擦り傷や骨折だ。転倒時に手をつくと手首を、ビンディングで足が固定されていると鎖骨や大腿骨などを痛めやすい。ハンドルを握ったまま道路に接触すると指を骨折することもある。熱中症や低体温症など環境による不調にも注意しよう。ひとりで走っているときや、仲間がいても対処が難しい場合は、迅速に助けを求めよう。緊急時はなにより冷静な判断が必要だ。

サイクリング時に携帯したいアイテムはいくつかあるが、ボトルは必須。水分補給で水が空になっても、ボトルがあればコンビニなどで補給することができる。熱中症対策だけでなく、傷口を洗うのにも使え、水の有無が生死にかかわるといっても過言ではない。

環境による緊急事態の対策

ケガ以外にも、環境によって体の不調が引き起こされる場合がある。
自転車での運動中に多いのが、熱中症と低体温症による不調だ。

CASE 1 熱中症対策

高温多湿で激しい運動などを行ったときに見られる不調。めまいや頭痛、吐き気などが危険信号となる。

- □ 日陰など涼しい場所へ避難
- □ 衣服を脱いだりゆるめる
- □ 水分や塩分を補給
- □ 首周りやわきの下を冷やす
- □ 重症の場合はすぐに病院へ

CASE 2 低体温症対策

ひどくなると血管が収縮し体や頭が思うように働かなくなる。汗をかいたあとや雨で濡れたまま坂道を下ることは避けよう。

- □ 冷気を避ける場所へ避難
- □ 布や衣服で体をくるむ（濡れた衣服は避ける）
- □ 温かい食事や飲み物を摂取
- □ わきの下やそけい部を温める
- □ 重症の場合はすぐに病院へ

サイクリング 必携アイテム

サイクリングでは、荷物をできるだけ持たずに走りたいところだが
以下のアイテムは必携。サドルバッグなどをうまく利用して携帯しよう。

・ヘルメット

頭部を守るために必ず着用。サイズが合っているか、かぶり方が正しいかも要チェック。

・グローブ

転倒して手をついた際にグローブがあるかないかでは、傷のでき方に大きな差が出る。

・布やガーゼ

出血の圧迫や傷を覆う、骨折時に患部をしばるなど、清潔な布は緊急時に何かと役立つ。

・アイウェア

走行時に、紫外線だけでなく虫や土ぼこりから目を守ってくれる。透明レンズがおすすめ。

・ボトル&ゼリー

水は傷口を洗うのにも使えるので、ボトルは２本用意。栄養補給用のゼリーもひとつは常備。

・防寒用ウェア

ウインドブレーカーなどはコンパクトに携帯できるものもあるので、防寒用に準備したい。

応急処置の基本RICEとは？

スポーツでよく起こる、ケガの応急処置における４つの原則の頭文字をとった言葉。ケガをした際は素早く適切な応急処置ができるかどうかが、その後の回復具合を左右する。いざというときのために４つの原則を頭に入れ、冷静に対処しよう。

REST（安静）

患部をできるだけ動かさず、安静にする。安全な場所で寝かせてあげるといい。

ICE（冷却）

内出血と腫れを最小限にするためにすぐに冷やすのが効果的。20～30分を目安に。

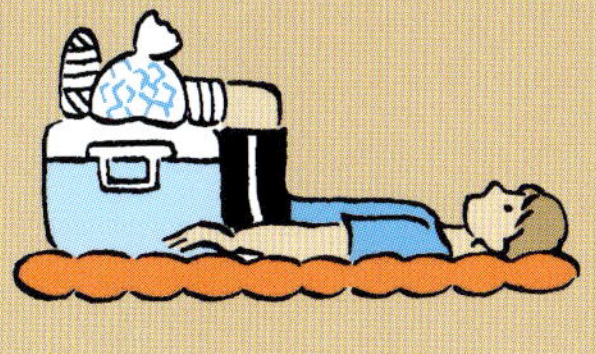

COMPRESSION（圧迫）

包帯を巻くなどで患部を適度に圧迫することで、内出血と腫れをくいとめる。

ELEVATION（高挙）

患部を心臓より高い位置に保つことで出血が減り、腫れを早くひかせることができる。

Part3

12

自転車に適したストレッチでケガ予防

自転車は運動としては比較的、軽度であるが毎日乗れば疲れは溜まる。ストレッチを取り入れることで、代謝もあがり、身体が動かしやすくなるはずだ。

理想は1日1回ストレッチの時間を作ろう

ストレッチは、体の一部を伸展させ、柔軟性を高める行為である。ケガをしづらくなり、基礎代謝が上がる効果を期待できる。ここでは、ストレッチを静的・動的の2タイプに分け、紹介する。

まずは静的。伸ばしたい部位をしっかりとイメージし、適度な刺激と、腱や筋の抵抗を感じるくらいまでゆっくりと伸ばす。姿勢を保ち、30秒間維持しよう。これを休みを入れつつ2回。反動をつけて伸ばしてはならない。

動的ストレッチは、筋を伸ばすような動作を加えたストレッチだ。関節の可動域の範囲で行うもので、過度な反動は禁物。関節がスムーズに動かせるようになるので、多くのスポーツで取り入れられている。

ストレッチを効果的に行うために

準備体操としては動的ストレッチ、体のケアとしては老廃物の排出を目的にした静的ストレッチがよいという傾向がある。ストレッチを行うタイミングごとにおすすめの種類を紹介しよう。

乗車前

ウォーミングアップのためのストレッチ

サイクリングはハードなスポーツではないが、体を温める意味でウォーミングアップにストレッチを行いたい。乗車直前なら、外でもできるストレッチを中心に選ぼう。

おすすめストレッチ

02 05 15 16 17 18

乗車後

長距離を走ったらクールダウンが重要

体に疲れを残さないためにも、サイクリング後のクールダウンとしてストレッチを行うといい。とくに長距離を走ったあとは乳酸がたまりやすいので、血流をよくするような動きを。

おすすめストレッチ

01 03 05 07 08 13

乗らない日でも

毎日行うことで柔軟性を高める

ストレッチは、自転車に乗らない日でも毎日行うことで体の柔軟性を高めることができる。1日2回朝夕に、掲載しているすべてのストレッチを行うなど、生活にうまく取り入れたい。習慣づけば、柔軟性アップとケガ予防の相乗効果が期待でき、自転車をより長く、楽しめるようになるだろう。

乗車中

疲れを感じたら固まった体を解放してあげる

前傾姿勢の疲れをほぐすことを目的に、上半身のこりをほぐすリラックス効果のあるストレッチが最適。サイクリング中に疲れを感じたときは、ストレッチの時間を設けよう。

おすすめストレッチ

01 03 14 15 16

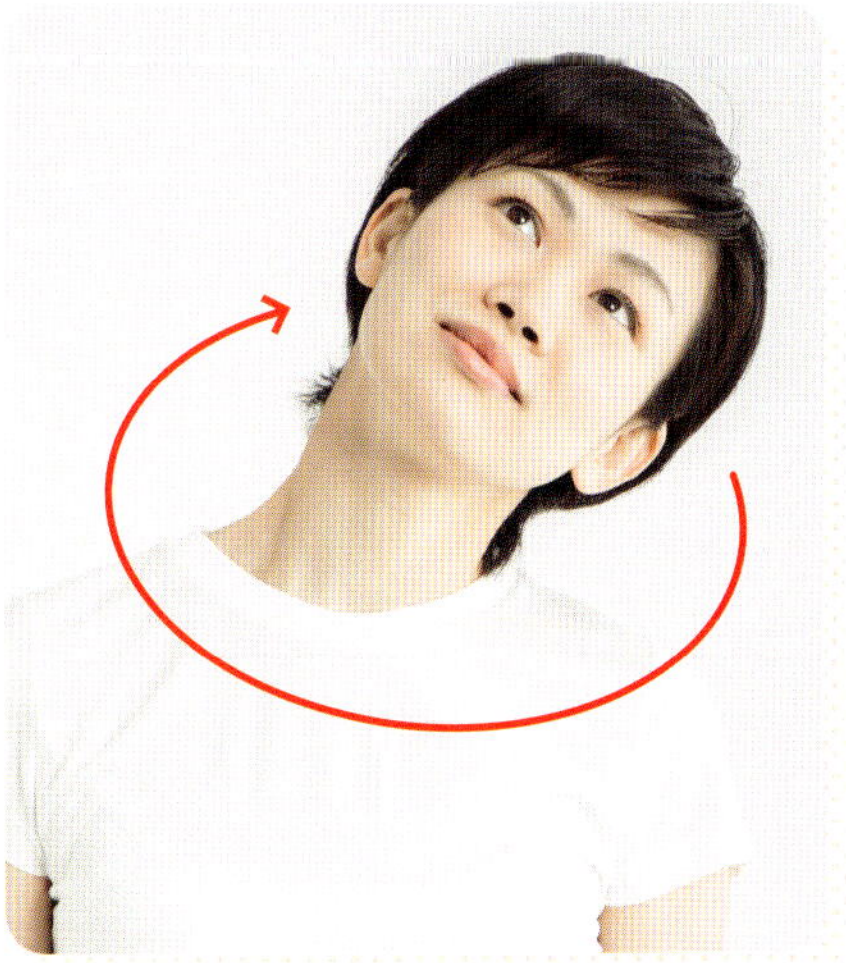

首周り 01

首周りの動的ストレッチ。反動をつけずゆっくりと筋を伸ばすように首をまわしていく。逆回転方向も行う。30秒程度でよいだろう。

上半身 02

腰周りをダイナミックに動かす動的ストレッチ。脇腹から背中、腰、脊椎がそれぞれの動きで伸ばされているか意識してみよう。こちらも逆回転も行ったとして、30秒ほどでよい。

脇、背中 03

前屈の姿勢から腕を伸ばす。鉄棒などに掴まり、さらに前屈を強めると背中や肩をストレッチできる。反動は使わない。また肩に痛みがあったり、動きが元々悪い人は無理をしない。

05

太もも裏側①

前屈のストレッチ。腰にプレッシャーがかかるのは失敗で、太ももの裏側（ハムストリングス）が緊張しているようにする。よく補助として後ろから押すシーンをみるが、過度に押すと痛める可能性がある。

股関節、太ももの内側

両足の裏をつけたあぐらの姿勢で、股関節を伸ばすようなイメージで。ここが硬い人はかなり多いはず。より刺激を強めたいなら、膝に手を置き床に押さえつける。ここでも痛いが気持ちいいという程度にとどめておこう。

04

太もも外側、臀部

太ももの外側と臀部（中臀筋周辺）を伸ばす姿勢。片足を組み。反対側の腕で部位を伸ばすように、腰にひねりを加えると効果アップ。左右の脚で行うこと。

06

股関節、臀部

脚を曲げ、両手を使ってかかとを持ち、胸部に向けてゆっくりと上げていくと、臀部全体が緊張しているのがわかる。ここはペダリングでよく使う筋群なのでじっくりと伸ばそう。

07

08 太もも裏側②

片足だけ伸展し、反対の脚を折り曲げた姿勢の前屈ストレッチ。両足を伸ばす前屈ストレッチよりも上体や太もも全体に効くイメージだ。反対の脚もじっくり伸ばしてあげよう。

09 内転筋、太もも裏側

いわゆる股割りのストレッチ。内転筋を伸ばす動きで、自転車の動作ではほとんど伸ばせないので、こわばってしまう部位でもある。しっかりと伸ばして動きをよくしよう。

10 背中

スポーツ自転車は前傾姿勢なので、背中の筋はつねに緊張状態だ。その緊張を解くストレッチである。でんぐり返しのような姿勢で、背中を丸めて筋を伸ばすイメージだ。

11 背中、太もも前側

背中を反らせて背筋群に刺激を与えるストレッチ。腕を支えにして上体を反らせる。すべての背骨が反っているようなイメージを持って実施しよう。これもゆっくりと反動を使わずに。

12 肩、背中

難易度が高いストレッチだが、多くの部位を伸ばすことができる。両足をそれぞれの手でつかみ、背中全体を伸ばしていく。腕とつかんだ足を天井にむけて上げていくようなイメージで。

13 肩、背中、太もも前側

バランスを取るため、インナーマッスルも動員して行うストレッチ。足を反対側の腕でつかみ、太ももの前あたり、背筋を伸ばす。脚を引っ張る角度を変えると太もも全体がストレッチされる。

肩、前腕

スポーツ自転車に乗っているとずっと同じ姿勢で、腕もほとんど伸展させたまま。そこで手のひらを外側へ旋回させると、上腕の筋が伸びてリラックスできるはず。走行途中でもできるナイスなストレッチである。

14

アキレス腱

自転車においてアキレス腱はあまり痛める要素にはないが、足首を支えるため、長時間走行では負担がかかる。写真の姿勢から伸ばしている脚のヒザを曲げるとさらに刺激を与えることができる。

15

16

足首

足首を回す動的ストレッチ。床に押し付けるようにぐりぐりとゆっくりと、足首が伸展しているのを感じながら、逆回転にも動かして柔軟性を保とう。素足よりもスニーカーなどを履いていたほうがやりやすい。

17 胸郭

両腕を水平に上げて胸の前で組み、可動する範囲でいいので左右に動かす。腰から上を回旋させるのかポイント。腰を動かさず、胸郭部分だけを動かすイメージで。呼吸がしやすくなるストレッチだ。

18 太もも全体

すねから下には力を入れず、大腿部だけを上下動させるイメージで。臀部全体と、腸腰筋、そして太もも全体がストレッチされる、準備運動としてももってこいの動的ストレッチ。運動前や、運動中の休憩のときにも少しやると、ペダリングが軽くなるはず。

Part 4　整備編

自分でもできる メンテナンス

クルマに車検が必要なように、自転車にもメンテナンスが必要。
定期的に自転車ショップで見てもらう必要があるが、自宅でできる
メンテナンスを覚えておけば、事故につながる大きなトラブルを減らすことができる。
チェーン外れやパンクトラブルなど日常トラブルは自分で直せるようにしておこう。

Part4

01 乗る前の日常チェック項目

自転車に乗るときは、出かける前の状態チェックを習慣づけたい。
小さな異常を見つけることで、大きなトラブルを予防できる。

01 異音がしないか

ハンドルを持って10cmほどフロントホイールを持ち上げ、地面に落とす。このときガタガタと音がした場合は、ブレーキレバー、ヘッド周りにゆるみがあるかも（→対処法はP119）。

02 ブレーキはしっかりきくか

ブレーキレバーを握る、離す、を素早く繰り返す。ブレーキが連動していれば問題ない。ワイヤーがさびていたり、バネが弱っている場合はショップで見てもらおう。

03 ヘッドがガタガタしていないか

ブレーキ（右手）をかけながら前後にバイクを揺する。ヘッドパーツ（P143）がゆるんでいると、ハンドルとフォークがガタガタと前後に動くはずだ（→対処法はP119）。

乗る前のルーティンとして習慣化したい日常チェック

安全に走るためには、自転車の整備が不可欠だ。乗れば乗るほどガタガタしてくるもの。ボルトがゆるむ、異音がするなどちょっとした整備不良やトラブルに気がつかないでいると、いずれ大きな事故につながる可能性がある。それを避けるためにも、乗る前に状態をチェックする習慣をつけたい。

チェック項目は9つ。異音がしないか、ブレーキはきくかなどトラブルがなければチェックに5分もかからない。サドルやハンドルなど力がかかる部分にはゆるみが出やすいので入念に行おう。

これらのポイントを知っておくと、乗車中でも違和感が出てきたときに早いタイミングで気がつくことができるし、ショップに見てもらうときも話が早い。

04 クイックレリーズが締まっているか

自然にゆるむことはないので、念のため、ちゃんとはまっているかを確認。久しぶりに乗るときや組み立てたばかりのときはチェックも兼ねて、一度締め直しておこう。

05 サドルはしっかり固定されているか

サドルを両手で持って、上下、左右に力強く動かしてみる。ガタガタとしたら、固定ボルトの締め直しを行う（→対処法はP120）。サドルに破損がある場合は乗車を控えて、ショップへ。

06 ブレーキシューの位置は適正か

ブレーキシューがリムの上面から１mmほど下にあるかを確認。適正な位置にないとパンクの原因にもなり、制動力を発揮できない。位置が大幅にずれているときはショップへ。

07 ホイールが歪んでいないか

ハンドルを持ち上げてホイールを回転させる。ホイールが歪んでいるとブレーキシューに触れてシュッシュッという音がする。回転も悪くなるので、その場合はショップへ。

08 クランクやペダルが緩んでいないか

ペダルを持ち、上下左右に強く動かす。クランクとの接合部分はガタガタしやすいので、マメにチェックしよう。根元からぐらつきがある場合は締め直しを（→対処法はP120）。

09 リアエンドが曲がっていないか

輪行や転倒の衝撃で、リアディレイラーの付け根を傷めることがある。おもに内側に曲がるので要チェック。変速性能が低下したり破損しているなら、ショップで見てもらおう。

Part4
02 各パーツの経年変化と対策

自転車は乗り続ければ、傷んでくるし、消耗もする。パーツごとにどんな経年変化をしていくか、説明していく。

しっかりとケアすることが自転車を長持ちさせる

自転車は、使い続けていると経年変化によって4つの状態が進行する。それは、サビ、消耗、ゆるみ、破損だ。これらがつねに交錯しながら、同時進行しているといっていい。

それらを放ったまま乗っていると、走行中の突然のパーツの脱落や故障を招き、大きな事故やトラブルにつながることもある。進行の早い段階で対策が取れるよう、自転車のどの部分にどのような経年変化が起こりやすいかを把握しておこう。

季節を問わず外気にさらされ、雨も受ける自転車は、思った以上に過酷な状態で使われている。経年変化は免れないが、定期的に手入れとチェックを行うことで、進行を遅らせることはできる。

チェックする場所

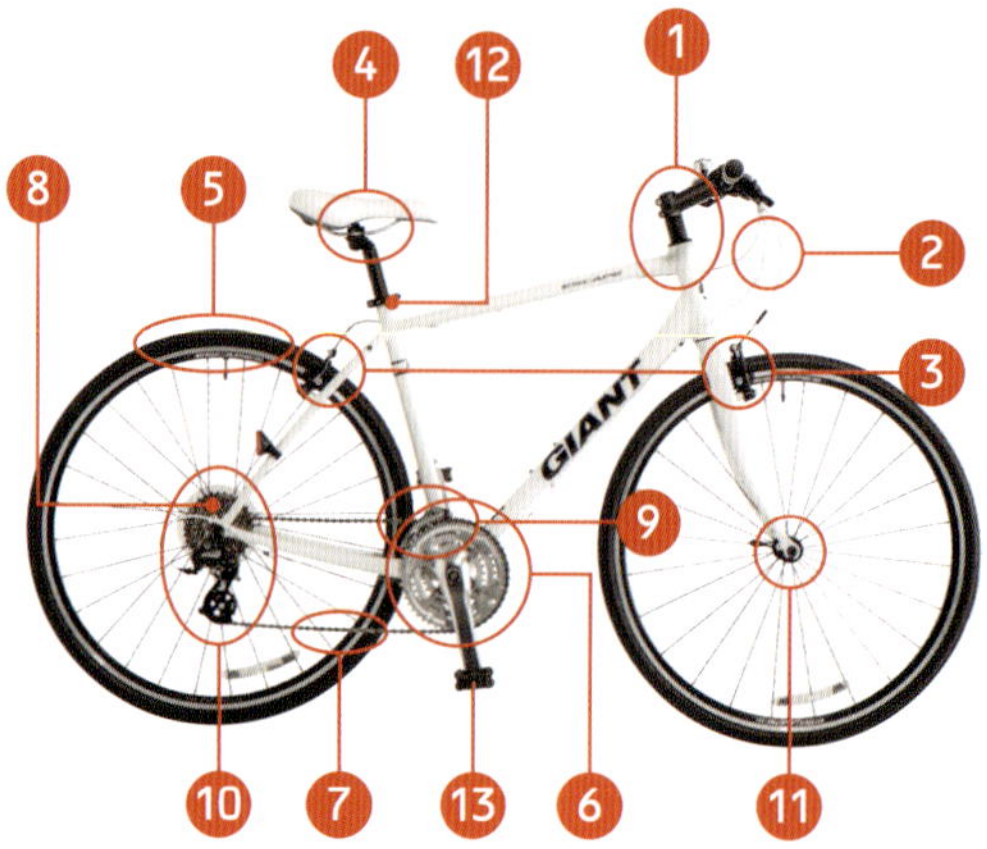

1. ヘッド周り　サビ　ゆるみ
2. ワイヤー類　サビ　消耗　破損
3. ブレーキ周り　サビ　消耗　ゆるみ　破損
4. シートポスト　サビ
5. タイヤ　消耗　破損
6. チェーンリング　消耗　ゆるみ
7. チェーン　サビ　消耗
8. スプロケット　消耗　ゆるみ
9. フロントディレイラー　サビ　ゆるみ
10. リアディレイラー　サビ　消耗　ゆるみ
11. クイックレリーズ　サビ　ゆるみ
12. シートクランプ　サビ　ゆるみ
13. ペダル　サビ　ゆるみ　破損

チェックするパーツの状態

サビ

雨の日に走り濡れた状態で放置しておくと、パーツの接合部分やボルト、チェーンなどにサビがでやすい。軽度なら拭き取ることができるが、腐食が進むと取りにくくなる。より進行すると破断するなどの深刻なトラブルに発展する。

対策■すぐに水分を拭き取る

消耗

タイヤやチューブ、チェーン、ワイヤー類、ブレーキシューなどは、使っていれば減っていくもの。それぞれのパーツの交換時期目安（→P139）を参考に、必要のあるものは定期的に交換しよう。

対策■行きつけのショップで見てもらう

ゆるみ

走行中の振動でボルトがゆるむことがある。ヘッドパーツ（P143）、サドル、ボトルケージ台座などがゆるみやすいが、まれにクランクのチェーンリングボルト、リアホイールのカセットスプロケットがゆるむこともある。

対策■力のかけすぎに注意して増し締めを行う

破損

大きな衝撃が加わることで、負荷に耐えきれなくなって壊れることがある。ハンドルの曲がり、サドルの擦り傷、ホイールの振れ（ゆがみ）、パンク、リアディレイラーハンガーの曲がりなど。

対策■行きつけのショップで見てもらう

消耗のチェック

ブレーキシュー、チェーン＆チェーンリング、タイヤ、ワイヤー類。
これらの消耗パーツはコンスタントにショップで交換しよう。

消耗　破損

□ タイヤ

もっともダメージを受けるタイヤ。摩耗だけでなく異物との接触で使えなくなることもあるので定期的にショップで見てもらおう。

消耗

□ ブレーキシュー

ブレーキシューには溝が掘ってあるので、その減り具合を目安に交換しよう。金属片などが食い込むことがあるのでそれもチェック。

サビ　消耗　破損

□ ワイヤー類

ワイヤーは、ブレーキや変速機に対して大事な役割をもつ。引きが重くなったり、サビが出てきたら交換しよう。

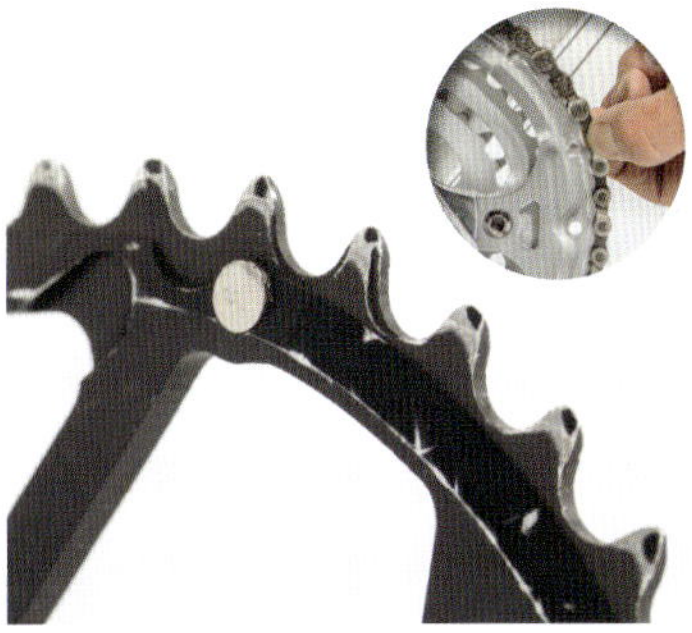

サビ　消耗　ゆるみ

□ チェーン&チェーンリング

交換時期を目安に、ショップでチェーンの消耗を点検してもらおう。チェーンリングも、使ううちにどんどん歯が減っていく。

ゆるみを正す

購入したばかりの自転車は、しっかりとボルトを締めていても
振動などでゆるむことがあるので増し締めをする。

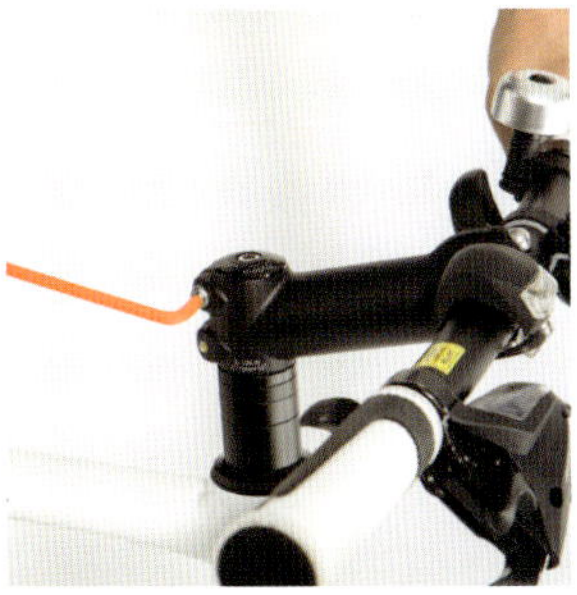

サビ　ゆるみ

□ ヘッド周り

ステムがゆるむとハンドルがぐらついて危険なので、必要があればステムの各ボルト部分を増し締めする。

サビ　消耗　ゆるみ　破損

□ ブレーキレバー周り

ハンドルバーに固定しているはずのブレーキレバーが動いてしまうとブレーキ性能に関わって非常に危険。アーレンキーを使って適度な力で増し締めをしよう。ゆるみだけでなく、サビや消耗、破損も出やすい。

サビ　ゆるみ

□ フロントディレイラー

フロントディレイラーは台座部分を確認。台座がゆるむと曲がってしまうので、ゆるみがあれば位置を正して増し締めしよう。あわせてサビていないかのチェックも行う。

サビ　消耗　ゆるみ　破損

□ ブレーキ周り

アーレンキーを使って、ブレーキのボルトがゆるんでいないかチェック。必要があれば増し締めする。ワイヤーがほつれていないか抜けていないか、また、ブレーキシューの状態も確認しよう。

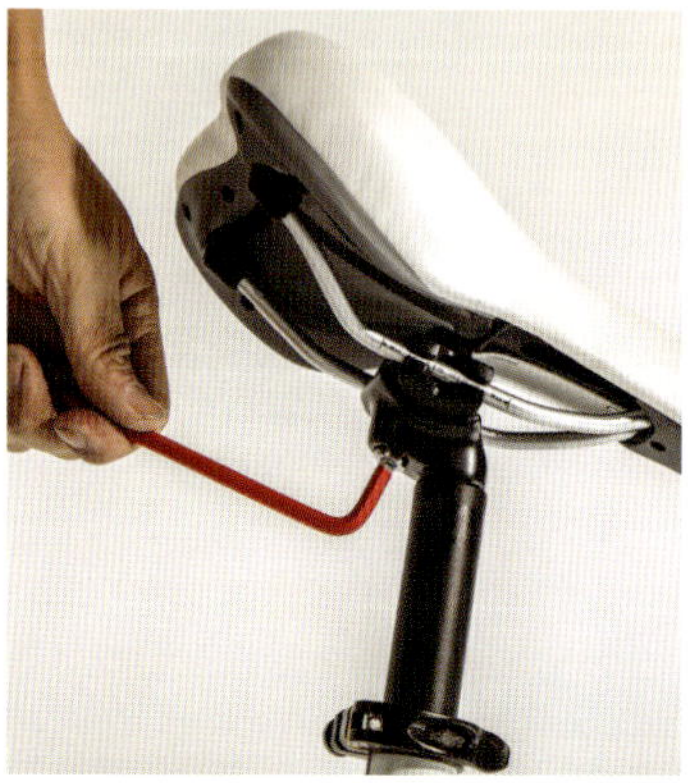

サビ　ゆるみ

□ サドル周り

サドル周りの各ボルト部分がゆるむと、とても乗っていられない状態になるので、太めのアーレンキーを用いてゆるみをとめる。サビがないかも確認。

サビ　消耗　ゆるみ

□ リアディレイラー

ゆるみが出ることは少ないが、プーリー（ディレイラー側の歯車）が脱落するなどのゆるみがごくまれに出るので確認。プーリーの消耗もチェックしよう。

ゆるみ

□ クランク周り

クランクのゆるみは、フィキシングボルトと呼ばれるチェーンリングを固定するボルトを締めれば解決だが、必要以上に強く締めないこともポイント。

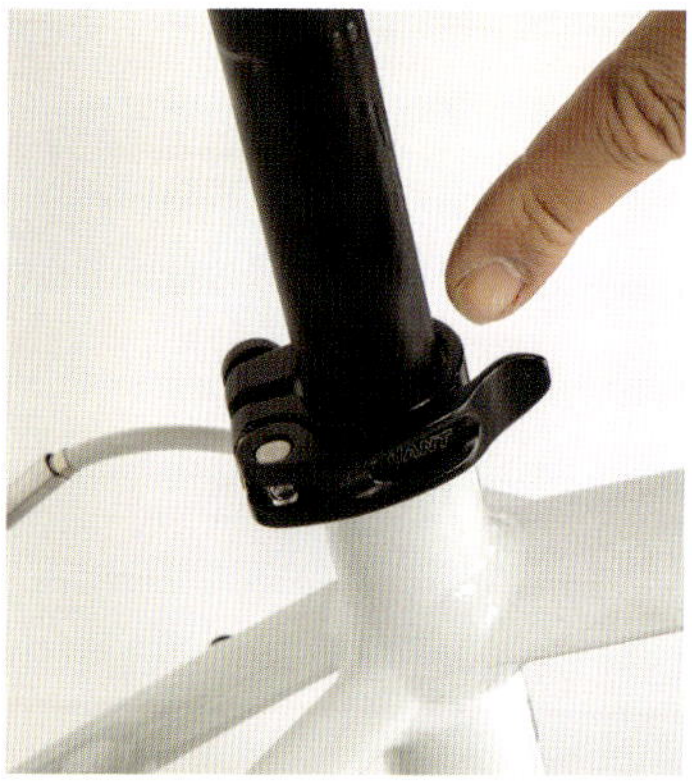

サビ　ゆるみ

□ シートクランプ

ボルトの締め付けがゆるいと、座った瞬間にサドルが下がってしまい危険。パーツに傷をつける原因にもなるので、適正な力でしっかり締め付けておこう。

サビ　ゆるみ

□ クイックレリーズ

ホイールを止めるクイックレリーズは、レバーがしっかり締まっているか、ホイールがしっかりはまっているかを確認。必要があれば一度ホイールを外してつけ直す。

サビ　ゆるみ　破損

□ ペダル

揺すったりして、回転がおかしくないか確認しよう。ペダルレンチでしっかり締め直す。転倒するとペダル軸が曲がってしまうことがあるが、その場合は交換だ。

自転車は屋内保管がベスト

**経年変化を考えると、また盗難防止のためにも
できれば自転車を室内で保管するのがおすすめだ。**

室内で自転車を保管すると、外気による経年変化を防ぐだけでなく、盗難防止にも高い効果を発揮する。保管スペースで自転車の状態が変わるといっても、過言ではない。

室内に保管するスペースがないという場合は、もちろん玄関でもいい。毎日自転車に乗るなら持ち運びやすいところを保管場所に選ぶとストレスがない。また、日頃から目につくところに置くことで自転車の状態を把握することができる。

どうしても室内保管が難しければ、屋内にある共有の駐輪場などを利用するといい。その場合は、カギなどでしっかり盗難防止対策をしておこう。屋外の駐輪場、ましてや雨ざらしになる場所での保管は厳禁。バイクスタンドやラックなど、省スペースで室内保管ができるアイテムをうまく活用して、室内に保管スペースを確保しよう。

部屋の広さに合わせてスタンドを使い分ける

室内保管用のスタンドやラックは後輪に接続して支持するもの、天井と床で固定する柱状のものなど種類も豊富。これらのスタンドやラックを使えば、室内でも場所を取ることなくスマートに自転車を保管できる。また写真右の、後輪に接続して支持するタイプのスタンドは、メンテナンス時にも使えるのでひとつ持っておくと便利。

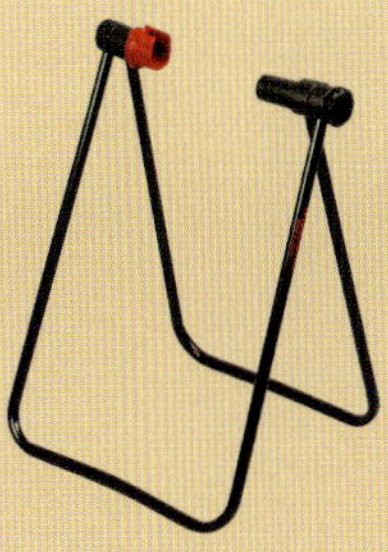

Part4

03 ポジションの微調整

ハンドル、サドルなど乗り心地を決めるパーツのポジション微調整は、自分でできるようになっておこう。

ハンドル高の調整

前傾姿勢に慣れてくるとハンドルを低くしたくなる。最初は適正位置をショップに相談するといい。

01 プレッシャープラグをゆるめる

アーレンキーを使って、ヘッドパーツを固定しているプレッシャープラグをゆるめる。

02 ステムをゆるめる

ステムを固定しているボルトをすべてゆるめる。

03 ステムを抜く

ステムを抜く。ハンドルバーを邪魔にならないところに移動。ダラリと寝かせても大丈夫。

04 スペーサーコラムをチェック

高さを調整するのは、このスペーサーコラム。さまざまな種類があり、入れ替えることでハンドルの高さを微調整できる。

05 スペーサーコラムを戻す

ステアリングチューブに、必要なだけコラムを戻す。

06 ステムとコラムを戻す

ステムを戻すと、ステムの上からチューブが見える。そこに余ったスペーサーコラムを入れる。

07 ステムを仮留め

ステムをアーレンキーで仮留めし、プレッシャープラグをヘッドがガタガタしなくなるまで優しく締める。

08 ステムを本締め

ステムを固定するすべてのボルトをしっかりと締める。締め忘れに注意しよう。

09 高さ調整終了

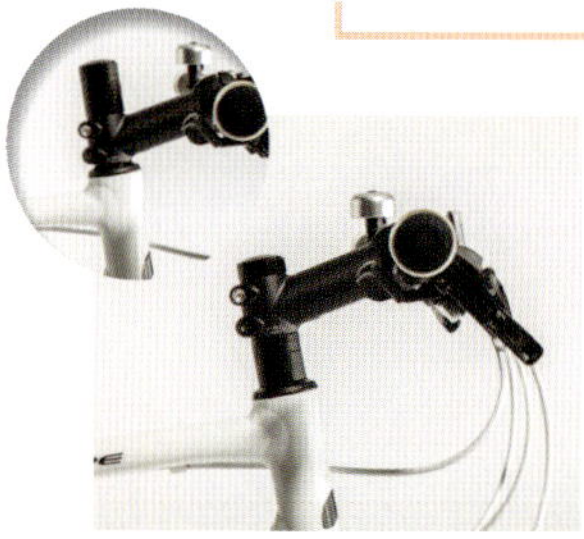

1cm下げただけでも大きな違いが出るので少しずつ下げよう。スペーサーコラムの数だけステムを下げることができる。

ポジションに物足りなさを感じたら？

走り方にもよるが、スポーツ自転車を乗りこなしてくるとショップでセッティングしてもらったポジションでは物足りなくなってくることがある。具体的には「ハンドルをもっと低くしたい」、「サドルを高くしたい」など。速く効率よく走るためのポジションに変えたくなってくる。乗れば乗るほど自転車に慣れ、快適と感じるポジションが変わってくるからだ。

ハンドルの高さやブレーキレバーの位置、サドルの高さは工具さえあれば簡単に調整できる。自分でできるようにしておくと、ポジションに違和感が出たときにすぐに調整できるので、覚えておこう。外出先でも対応できるように、工具類はサドルバッグなどに入れて常に携帯するのを忘れずに。

ブレーキレバーの位置調整

ハンドルの高さを変えたらブレーキレバーの腕の角度も変わってくる。また、ブレーキの位置も調整してみよう。

ブレーキレバーの基本角度

標準的なレバー角度は、右写真のように腕からまっすぐに伸ばしたライン上にブレーキレバーがあること。真ん中のように下すぎると、指が届かないばかりか手首に負担がかかる。反対に上すぎると、手首が反ってしまう。

01 ボルトで調整

レバーには引きしろを調整できるボルトが付いている。締めるとハンドルに近づき、ゆるめると遠くなる。

02 通常の位置はこれ

標準のレバー位置だが、手の大きさによってはレバーが遠すぎる。

03 近づけると

ハンドルとレバーの位置が近づいたのがわかる。

サドル高の調整

ペダリングスキルが上がると、サドルを高くしたくなる。1cmずつ、徐々に伸ばしてみよう。

01 サインペンで印を付ける

変更前のサドル高を記録しておけば、変更後もすぐに元へ戻せる。

02 クイックレリーズをゆるめる

クイックレリーズをゆるめる（ボルトタイプはアーレンキーを使う）。

03 上げた高さを確認

サインペンで記した元の位置を基準に任意の高さに調整。

04 クイックレリーズで固定

クイックレリーズで締める。締めつけ量を調整しながら締めよう。

05 手のひらで握る

レバーを倒すときは手のひらで握るようにすると簡単に締まる。締め過ぎに注意。

Part4

04 空気の入れ方

快適な走りには、適切な空気圧が欠かせない。
フロアポンプ、外出先で使用するハンディポンプの使い方を紹介。

フロアポンプの使い方

フロアポンプは安定感があり、力の入りやすいものを選ぼう。
頻繁に使用するアイテムなので使いやすさがポイント。

01 バルブのキャップを外す

バルブのキャップを外し、バルブのねじをゆるめる。

02 バルブを口金に入れる

バルブを口金に入れ、きちんと空気が入っているかをチェック。

03 適正な空気圧に

ほとんどのタイヤ側面に空気圧の記載がある。

04 ポンプのゲージで確認

空気圧はポンプのゲージで確認。適切な数字になるまで空気を入れる。

05 適正気圧までポンピング

5～7気圧と高い空気圧を入れるため、力が必要。もちろんホイールを外さず自転車本体につけたままでも空気を入れられる。

ポンプの口金にこだわろう

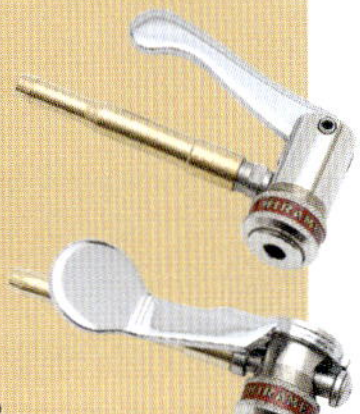

ポンプの口金の形で空気の入れやすさが変わる。写真上は一般のポンプについている口金で、下は空気漏れの少ないタイプ（ヒラメポンプヘッドと呼ばれる）。後者に交換して使用すればポンプの性能を引き出せる。

ハイプレッシャーとハイボリュームがある

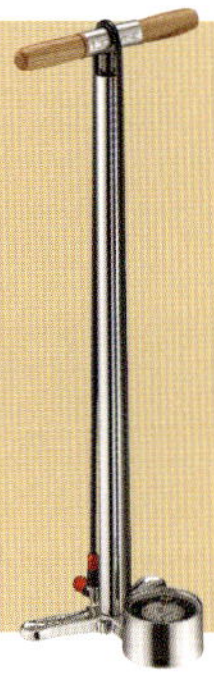

スポーツバイク用の空気入れには、ロードバイク・クロスバイク用のハイプレッシャー（高気圧）タイプと、タイヤが太いMTB用のハイボリューム（大容量）タイプがある。どちらにも使えるタイプもあり。

適正な空気圧を維持しよう

スポーツ自転車のタイヤは、空気を閉じ込めたチューブをタイヤの中に入れる「クリンチャータイヤ」がおもに使われている。

タイヤには適正な空気圧がある。空気圧が適正でないと乗り心地が悪くなり、パンクの原因にもなる。そのためゲージのついたフロアポンプは必須。空気がなくなってからではなく、適正の数値を保つことを目的に定期的に空気を入れよう。クロスバイクなら、週に1度くらいでいいだろう。

適正な空気圧はタイヤによって異なり、タイヤ側面に数値が書いてある。

ハンディポンプは外出先でパンク修理などに使用する。コンパクトで、自転車に装着できるタイプもあるので予算に応じて選ぼう。

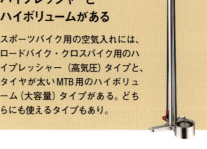

ハンディポンプの使い方

外出先でパンク修理やチューブ交換をするときに活躍する携帯用ポンプ。
フロアポンプより取り扱いが難しいので、万が一に備えて予習しよう。

01 バルブキャップを外す

バルブにつけられたバルブキャップを外す。紛失には注意。

02 バルブをゆるめる

バルブのねじ部分をゆるめ、ゆるめきったら先端を軽く押してシュッと空気を抜く。

03 口金に入れる

ハンディポンプの口金はさまざまだが仏式なら問題なく使える。

04 根元まで差しこむ

バルブのねじ山が隠れるくらいまで口金をしっかりと差しこむ。

05 左手で固定する

右手で空気を入れるなら、左手でバルブと口金、リムをしっかり固定してポンピングする。

06 口金を抜く

適正な空気圧が入ったら、バルブから口金を慎重に抜く。乱暴に扱うと空気が抜けるので注意。

07 バルブコアを締めて完了

バルブのねじ部分を締め、バルブキャップを被せれば完了。

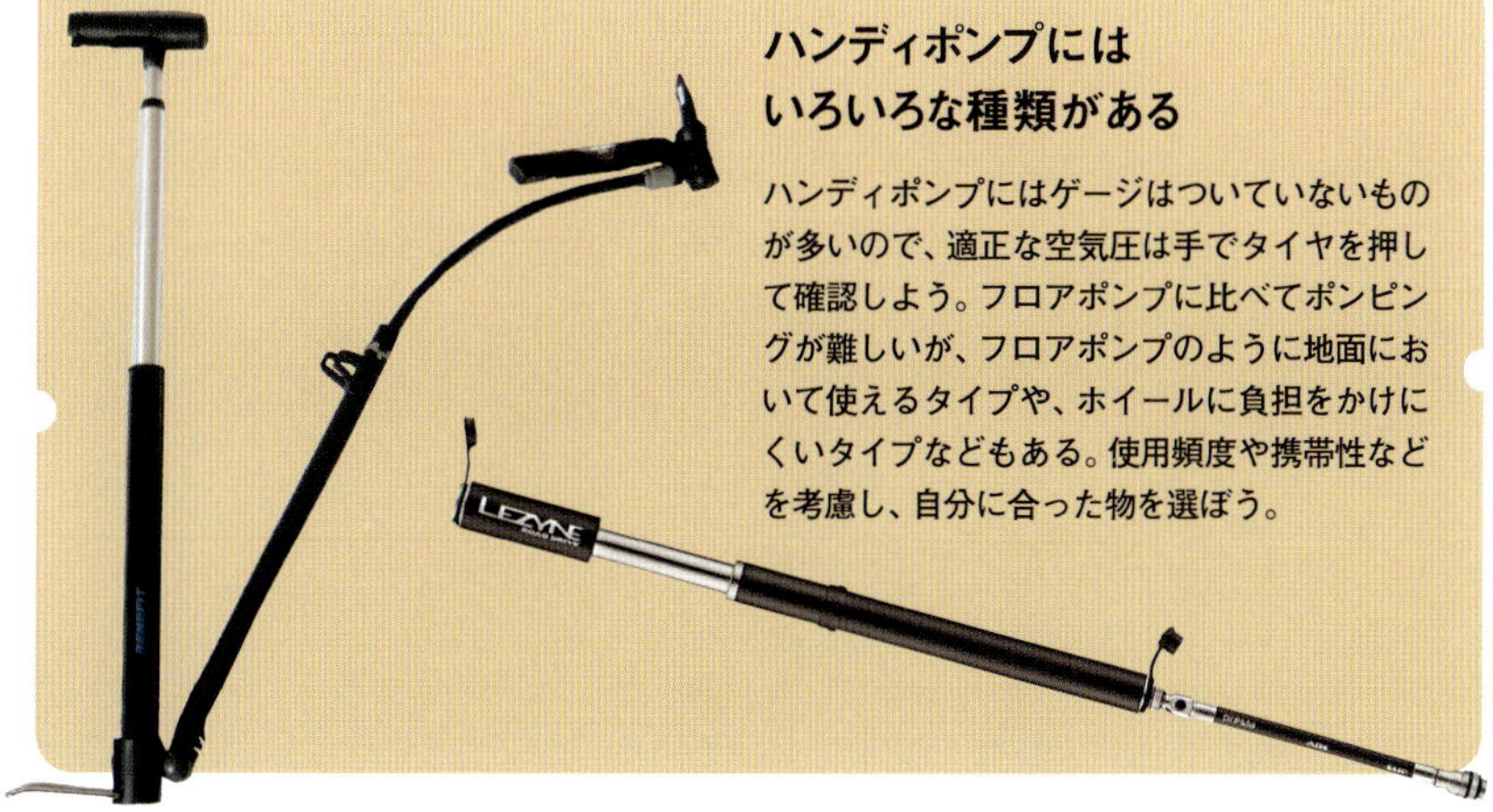

ハンディポンプにはいろいろな種類がある

ハンディポンプにはゲージはついていないものが多いので、適正な空気圧は手でタイヤを押して確認しよう。フロアポンプに比べてポンピングが難しいが、フロアポンプのように地面において使えるタイプや、ホイールに負担をかけにくいタイプなどもある。使用頻度や携帯性などを考慮し、自分に合った物を選ぼう。

Part4

05

定期的なクリーニング方法

日々のサイクリングで汚れてきたら、洗車も必須。きれいになった自転車に乗れば、心も軽くなるはず。

洗車に必要なアイテム

1 合成洗剤

泥などの汚れを洗い落とす専用洗剤。水と一緒に使う。

2 パーツクリーナー

チェーンやブレーキシューなどの洗浄に使うクリーナー。

3 チェーンオイル

チェーンに使うオイル。チェーンルブともいう。ドライ用はさらっとしていて、ウエット用はやや粘性が高い。

4 ウエス

フレームの汚れを拭き取るための布。ぞうきんなどでも問題ないが、メンテナンスのために用意している。

5 ブラシ

細かいところの土や泥、異物をとるために使うブラシ。使い古しの歯ブラシなどでも。

6 バケツと水

バケツには水を入れておく。ウエスを洗ったり洗剤を流すのに必要。

7 スタンド

自転車を立てられるスタンド。後輪が回せるタイプの方が使いやすい。

洗浄からスタート

01 合成洗剤をウエスに塗布

洗剤は直接フレームにかけず、一度ウエスに塗布してからフレームを拭く。

02 フレームを拭いていく

フレームの清掃だけなら、これでOK。各チューブの傷をチェックしながら拭いていく。

自宅でもできる簡単な洗車方法

自転車に汚れはつきもの。泥やオイルの汚れは溜め込むと落としにくくなるだけでなく、パーツの正常な動作の妨げにもなる。

用意するケミカル（化学洗浄剤）は、合成洗剤、パーツクリーナー、チェーンオイルの3つ。他のウエスやブラシは家庭にあるもので代用できる。

洗車に時間がかかるのがチェーンだ。「チェーンクリーナー」という専用の道具もあり、それを使うとスムーズに作業できる。

自宅洗車のもうひとつのメリットは、フレームやパーツの傷や、不具合のある箇所を見つけられること。タイヤの亀裂などは洗浄のときに見つけることが多い。定期的に行うことで、大掛かりな洗車の回数を減らすこともできる。

03 チェーンの汚れを落とす

パーツクリーナーを用いて、チェーンの表面的な汚れやオイルを落とす。

04 チェーンにクリーナーを塗布

ウエスをあててパーツクリーナーを塗布。チェーン汚れは過度に落とさなくてもよい。

05 ウエスで拭き取る

パーツクリーナーをウエスで拭き取る。掃除を行うことで、チェーンの状態を把握できる。

06 ウエスでスプロケットも掃除

ウエスを写真のように持ち、スプロケットの間の汚れを拭き取る。

07 ブラシを活用

スプロケットの歯と歯の間にゴミが詰まりやすいのでブラシを用いてかき出す。

08 フロントディレイラー

フロントディレイラーの細部を合成洗剤をつけたブラシで掃除する。

09 リアディレイラー

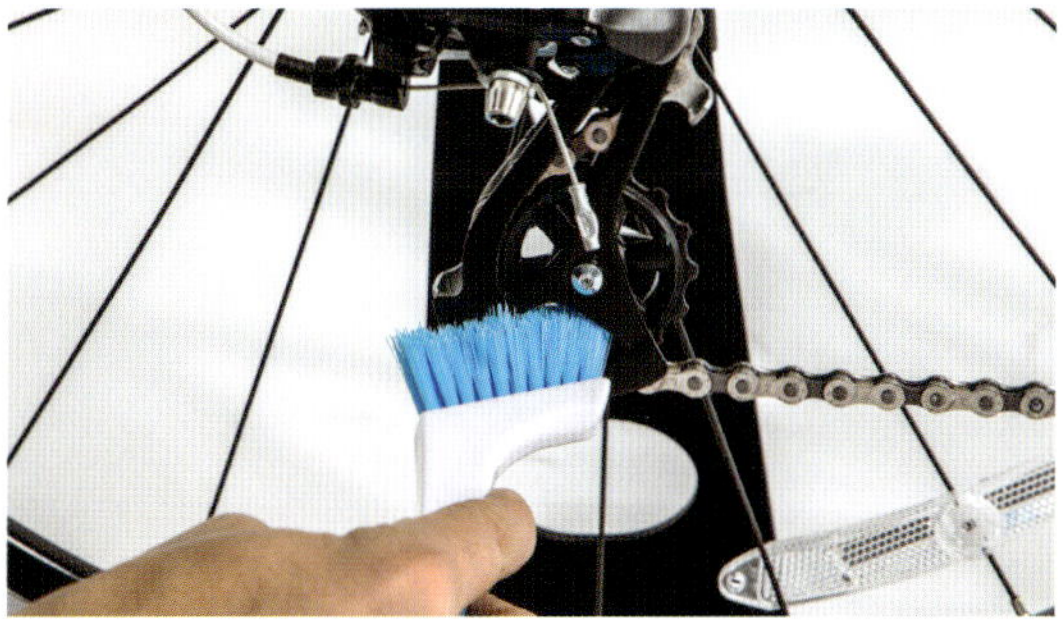

リアディレイラーとプーリーには油と土の混じったしつこい汚れが付く。ブラシでゴシゴシとかき出そう。

チェーン掃除専用のクリーナー

チェーン専用のクリーナーは、内部に洗浄剤を入れてチェーンを通すと、内部でブラシが回転してひとコマずつ洗ってくれる仕組み。屋外で洗車できるスペースがある人にはおすすめのアイテムだ。

注油をする

01 チェーンにオイルを塗布

チェーンのコマとコマの間に入るようにウエスをあてて、チェーンオイルを塗布する。

02 余分なオイルは拭く

余分なオイルをきちんと拭き取る。コマとコマに浸透している程度に残ればOK。

03 可動部にもオイルを差す

洗浄後にブレーキの可動部にオイルを少量差すと動きがよくなる(ブレーキシューにオイルは厳禁)。

04 ディレイラー可動部にも

ディレイラーの可動部にもオイルを差して、スムーズな動きを取り戻そう。

05 ブレーキレバーの付け根

ブレーキレバーの引きが少し重くなったと感じたら、付け根部分にオイルを差す。

ゴム素材や樹脂素材にアルコール系のクリーナーは使わない

アルコール系クリーナーは、ゴムや樹脂素材を傷めるケースもある。ハンドルのグリップや合成皮革のサドルなどに使いたいときは、クリーナーを少量塗布したウエスで試してみよう。変色などがなければ問題ない。

スタンドは洗車に必須のアイテム

洗車するときにはスタンドがあると便利。壁に立てかけるなど固定できない状態では、作業の効率性が下がる。後輪を浮かせられるタイプ、自転車を宙に浮かせて固定できるタイプは、ホイールを回転させられるので、よりスムーズに作業ができるだろう。

仕上げで終了

01 ハンドル周り

合成洗剤を塗布したウエスで、泥やホコリを拭き取る。

02 チェーンステーも

洗車中の飛沫でもチェーンステーはかなり汚れる。一連の作業が終わった後にきれいに拭きあげる。

03 フレームの各チューブ

フレームチューブにも洗車の飛沫がついているはずなので、仕上げに軽く拭く。

04 ディレイラーも最後の仕上げ

余分なオイルを拭き取りつつ、傷やダメージがないかを確認しよう。

05 スポークを拭く

ホイールのスポークを1本1本丁寧にふく。この作業で曲がりや折れが見つかったらすぐにショップへ。

06 リムの清掃

リムは思ったよりも汚れているので、ウエスできれいに拭く。

07 タイヤの清掃

タイヤもしっかり拭きあげる。この作業で異物の混入や傷などを見つけることができる。

08 リムサイドの掃除

ブレーキ面のリムサイドも摩耗や傷がないか確認しながら拭く。これで洗車完了。

Part 4 06

チェーンが外れたときの対策

チェーン外れは、スポーツ自転車でもっとも多いトラブルのひとつ。慣れるとすぐに対処できるようになるので、コツを覚えておこう。

脱線させて変速するスポーツ自転車の宿命

変速レバーで変速を試みると、チェーンは変速機によって強制的に横方向へ脱線させられ、隣のギアに移される。それによって変速完了となるが、何かしらの不具合でその変速がうまく行かなかったとき、または転倒で衝撃を受けたときなどにギアからチェーンが外れることがある。

変速がうまくいかない理由としては、ワイヤーの経年劣化やチェーンリングやチェーンの摩耗、ディレイラーの変速精度の低下など、さまざまな原因が考えられる。ここでは、フロントギアのインナー側、アウター側、リアギアのロー側と、3つのケースでチェーンを復帰させる方法を紹介。チェーン外れの原因は、外れる方向によって異なる。

フロントギアのインナー側に落ちた場合

フロントギアのインナー側に落ちる場合は、ディレイラーの設定が甘い可能性がある。逆回転させて落ちる場合にも理由がある。

01 インナー側に落ちた状態

インナーギアの内側にチェーンが落ちた状態。このケースは復帰させにくい。

02 走行中に復帰させる

走りながら復帰させるにはフロントギアを１段上げ、クランクを回すと成功する場合がある。

03 チェーンをたるませる

走りながら復帰できない場合、停車してリアディレイラーのゲージを押し、チェーンをたるませる。右手でチェーンをギアに沿わせる。

04 沿わせたらクランクを回す

チェーンがギアにかかったら、クランクを逆回転させる。リアディレイラーは押したまま。

05 不具合がないかチェック

チェーンが収まったらクランクを回転させ、異音や不具合が出ていないかチェックしよう。

たすきがけだとインナー側に落ちやすい

アウターギアのままリアをローギアに入れたとき、すなわちたすきがけ状態でクランクを逆回転させるとチェーンがインナー側に落ちることがあるので注意。

フロントギアのアウター側に落ちた場合

インナーギアからアウターギアへチェーンを脱線させたときに起こりやすいトラブル。
ギアを１枚下げてクランクを回すだけで復帰できることもある。

01 アウター側に外れた状態

フロントディレイラー由来のよくあるチェーン外れ。比較的簡単に復帰できる。

02 ギアを1段落とす

フロントがトリプルギアならもっとも重たいギアから中間のギアへ1段ギアを落とす。

03 リアディレイラーのゲージを押す

テンションがかかっているリアディレイラーのゲージを押すとチェーンをたるませられる。

04 チェーンを持ってギアにかける

左手でたるんだチェーンをギアにかける。ある程度までかけたらクランクをまわせば完了。

01 手を汚さない別の方法

またギアの外側にチェーンが落ちてしまった。今度は手を使わないで復帰させてみよう。

02 ギアを1段落とす

フロントがトリプルギアならもっとも重たいギアから中間のギアへ1段ギアを落とそう。

03 ペダルを持って回す

ペダルを持って進む方向へゆっくりとクランクを回す。するとチェーンがついてくるはずだ。

04 チェーンがギアに収まる

外れていたチェーンは中間のギアへおさまるはず。

05 異音などのチェック

クランクを2～3回転させて、チェーンやフロントディレイラーに不具合や異音がないかチェックしよう。

アウター側のチェーンガード

クロスバイクには、アウター側にチェーンガードが標準装備されているものも。これなら少々のことではチェーンが落ちることはない。

チェーンガードというアイテムもある

フロントディレイラーに取り付けることでインナーギアの隙間を埋め、チェーンが落ちるスペースをなくすチェーンガード。

リアギアのロー側に落ちた場合

リアディレイラーの整備不良やリアエンドが曲がった場合、
またホイールを交換した際、ハブの設計が異なるために起こりやすいトラブル。

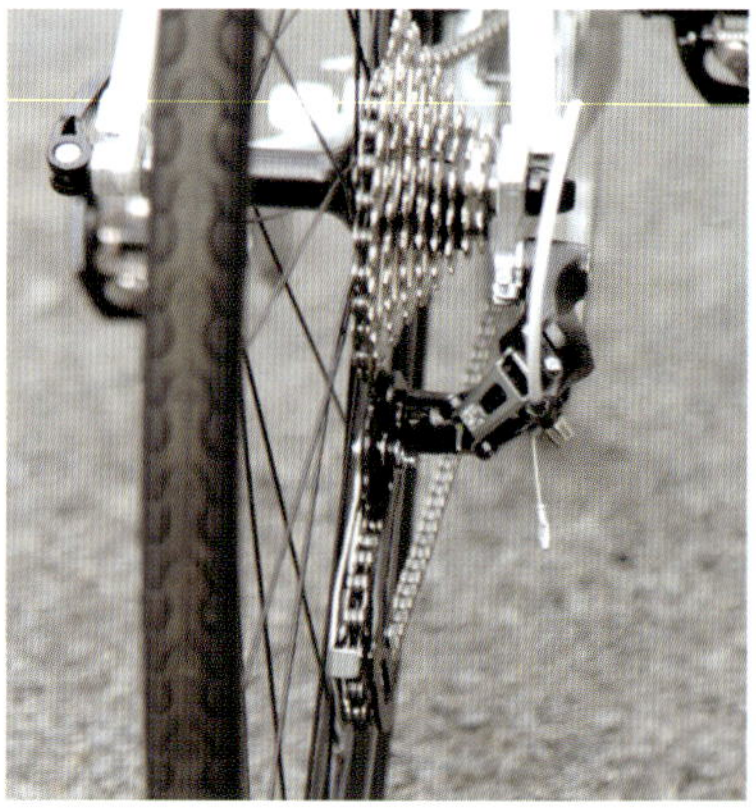

01 ロー側へ落ちてしまった

リアエンドが内側へ曲がったりするとロー側にチェーンが落ちてしまうことがある。

02 無理に復帰させないように

この状態でクランクを回したり、逆回転させるとよけいに食い込んでしまうことがある。

03 ギアを1〜2枚上げる

リア側を１〜２枚ほどシフトアップし、ディレイラーをトップ側へ移動させる。

04 クランクを回転させる

ゆっくりとクランクを回転させる。強くかんでしまっている場合は無理に動かさないこと。

05 チェーンが脱線していく

ローギアに復帰し、ディレイラーをシフトアップしただけチェーンが移動していく。

06 異音がしなくなったら

変速時のガチャガチャした音が鳴るが、クランクを回し続けると落ち着くはずだ。

リアスプロケットには標準装備でガードが付属する

スポーツ自転車の完成車には、リアスプロケットのロー側に標準装備でチェーンガードが付属している。これがついた状態で走ればロー側への脱線はほぼないだろう。これがあるだけで、安心してライドに集中することができる。ホイールを単体で購入した場合は、付属しないこともある。

Part4 07

ハンドルが曲がったときの対策

ハンドルは転倒などの衝撃を受けると曲がることがある。ステムのずれを直すことで、比較的簡単に直すことができる。

01

ハンドルが曲がってしまったら

転倒や衝撃などでこのような角度になってしまったら、ハンドル操作もままならずとても危険だ。携帯工具はこういった場面で威力を発揮する。

02

ステムボルトをゆるめる

ステアリングコラムに固定しているステムのボルトをゆるめる。2本以上ある場合は、交互に緩めていこう。

03

アーレンキーで締める

ボトルを締める。
弱いよりは少し強めのほうがいい。

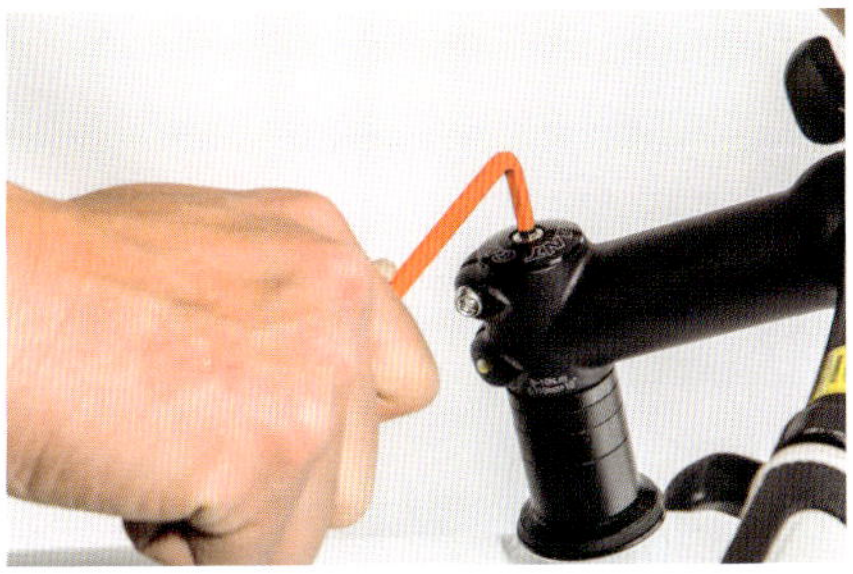

04

プレッシャープラグをゆるめる

ステムの根元から曲がっているなど、必要があればプレッシャープラグもゆるめる。完全にゆるめる必要はなく、半回転から1回転くらいで動く。

05

ハンドルとハブを平行にする

ハンドルをまっすぐに付けるコツは、ハンドルの付け根と、ホイールのハブ(P143)の中心線（両端から予測するといい）が平行になるように。

06

目視で平行を確認

目視ではこのように見えるはずだ。ちなみに、少々曲がっているくらいならやや気持ちが悪いが問題なく乗れる。

走行中の落車や転倒ではハンドルが曲がりやすい

ライディング中の落車（転倒）はいつか起きうることだ。打ち所によっては、いろいろな部位に影響があるが、ハンドル部に衝撃が加わったとき、ハンドルバーが曲がってしまうことがある。

ステアリングコラムに固定したステムはボルトで締めて固定しているだけなので、ハンドル部分に強い力が加わると「てこの原理」のように思ったよりも動いてしまう。

ハンドルが曲がった状態だと、乗車時の違和感になるだけでなく、ハンドル操作がままならなくなることもある。

携帯工具を持っているなら、ハンドルをまっすぐに直し、気分も入れ替えて走り出そう。

Part4

08 パンク修理の方法

外出先のパンク修理を想定し、パッチを使ったパンク修理の方法を紹介。スポーツ自転車に乗るなら必ず覚えておこう。

用意するもの

空気入れ

出先ならハンディポンプ、自宅やショップならフロアポンプを使う。両方とも持っておきたいアイテムだ。

タイヤレバー

タイヤレバーは大きいと使いやすい。金属製よりもプラスチックの方がリムを傷付けない。

ゴムのり

修理用のパッチを貼るための専用のり。量販店でも手に入れやすい。

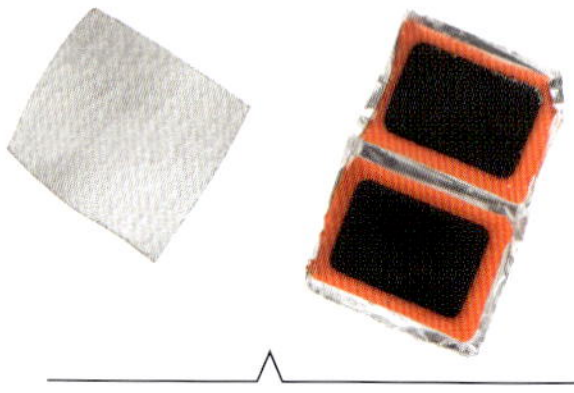

やすりとパッチ

やすりはチューブの表面を荒らすために使う。パッチはゴムのりと組み合わせて穴をふさぐ。

街中を走るときは路肩に注意

アスファルトの舗装路面はきれいなところばかりではなく、路肩を走っていると尖った石や割れたガラス、路面のひび割れた溝、グレーチングの隙間など、パンクの原因となる様々な要因がある。タイヤの空気圧が低いと、路肩のわずかな段差でもリム打ちパンクをしてしまうことがある。

パンク修理の方法を知っておこう

十分なメンテナンスをしていても、乗り方や路面状況といった外的要因で起こってしまうのがパンクトラブルだ。そのため、スポーツ自転車に乗るならパンク修理の方法は必ず覚えておきたい。

パンクの種類は大きく3タイプある。ひとつは石や鋭利な異物を踏んでしまい、穴があいてしまうこと。

もうひとつはリム打ちパンクである。これは空気圧が低い状態で段差に乗り上げ、リムと段差や石に挟まれてチューブに2つ穴があくパンクだ（P137）。最後はゴムの劣化。2つ穴があいたり、ゴムが劣化して自然に穴があいてしまうと修理は不可能なので、チューブ交換となる。

チューブ交換は、修理のできな

パンク箇所を見つける

パンクしてしまったら、ホイールからタイヤを外し、チューブを取り出す（→P76参照）。
まずは、パッチを貼って修理をするために穴を見つけよう。

タイヤの取り外しはP76を参照

01 タイヤの傷を探す

パンクしたときに付いた傷を探し、チューブに付いた穴の位置に目星をつける。

02 空気漏れで判断

軽く空気を入れてパンク穴を探すのが手っ取り早い。

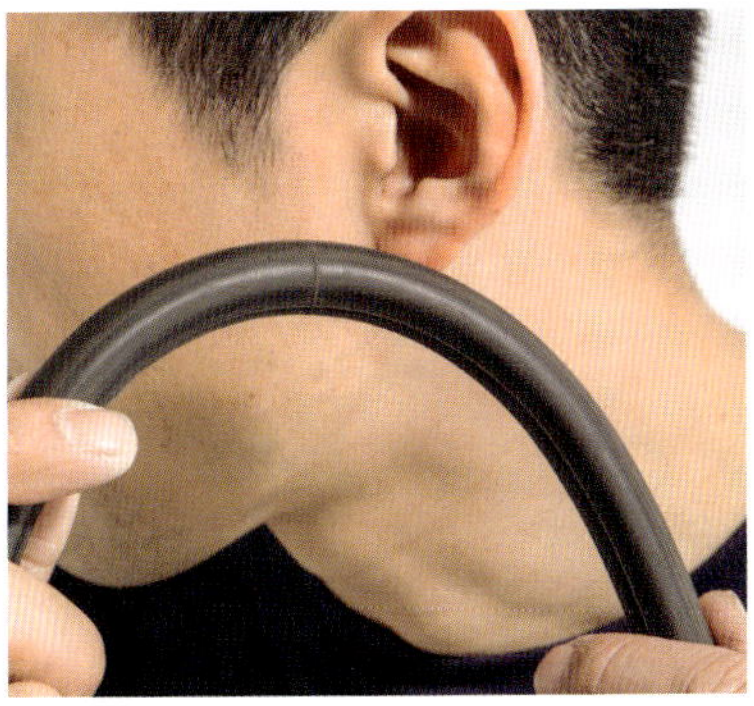

03 音で判断

穴が小さい場合、シューという音と漏れる空気の風で穴を見つける。

04 水に入れて判断

または、バケツに水を張ってチューブを入れるとパンク穴を見つけやすい。

05 穴に印を付ける

目を離すとすぐにパンク穴が見つからなくなるので、サインペンなどで印を付けておく。

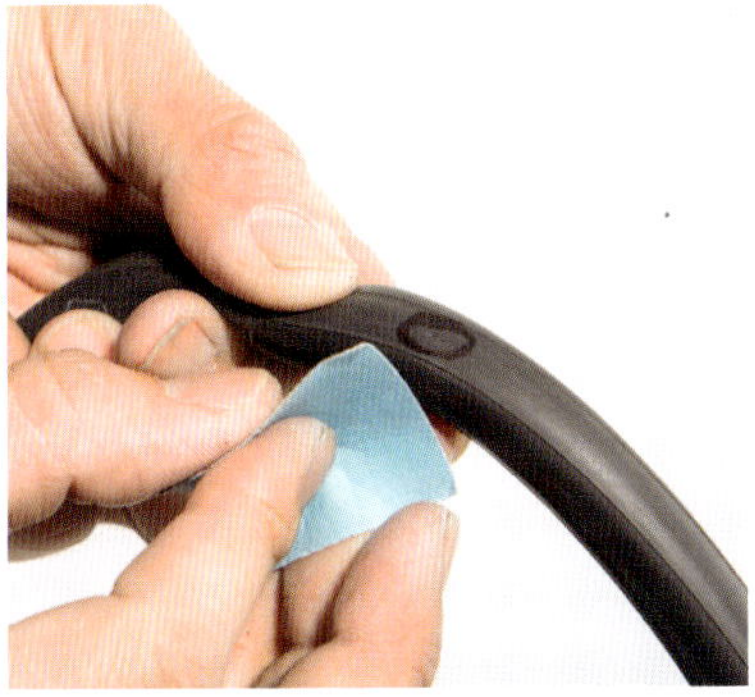

06 やすりで表面を荒らす

ゴムのりの接着力を保つために、パンク穴の周辺をやすりで荒らす。やり過ぎかと思うくらいでちょうどいい。

簡易パッチはとても便利

パンク修理のパッチには、あらかじめ接着剤が塗布してある簡易パッチもある。この場合はゴムのりがいらず、成功率も高いので初心者におすすめ。手順は、タイヤの表面をやすりで荒らすところまでは同じ。荒らしたらパッチをじかに貼れば完了だ。

いパンクや修理の時間がないときに有効なので、パンク修理セットといっしょに、替えのチューブを携帯しよう。チューブ交換の手順は、タイヤ交換のページ（→P76）で触れているので参考に。

修理パッチを貼る

ゴムのりを塗布し、いよいよパッチを貼る。ゴムのりが乾かないうちにと、
あせって作業を進めると失敗してしまうので注意しよう。

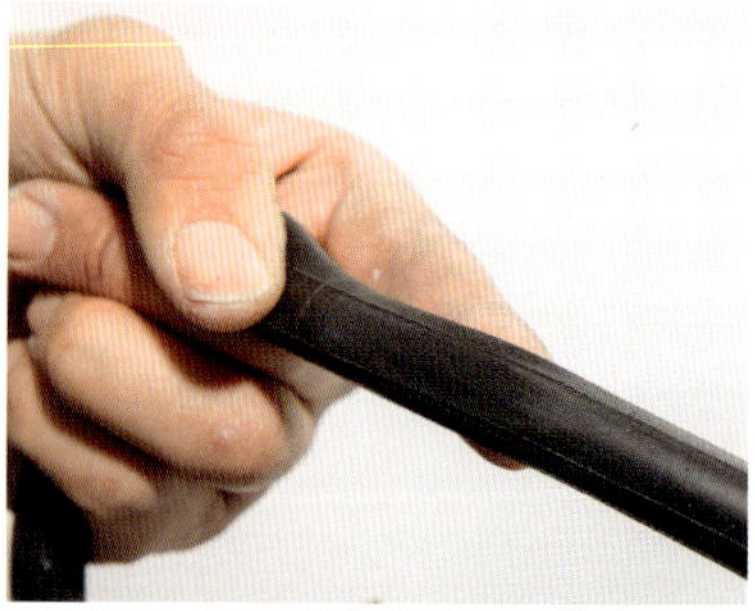

01 広範囲を荒らしておく

パッチよりも広範囲でチューブの表面を荒らしておくのがポイント。

02 ゴムのりを塗る

荒らした面にゴムのりを薄く塗る。たっぷり塗っても効果がないので注意。

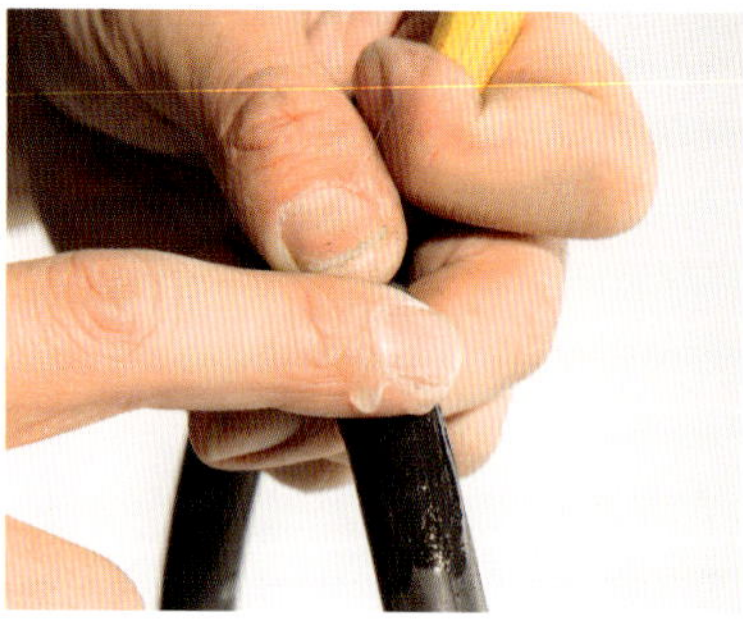

03 指でゴムのりを広げる

きれいな指で塗り広げる。ゴムの中にほこりが混入しないよう注意。

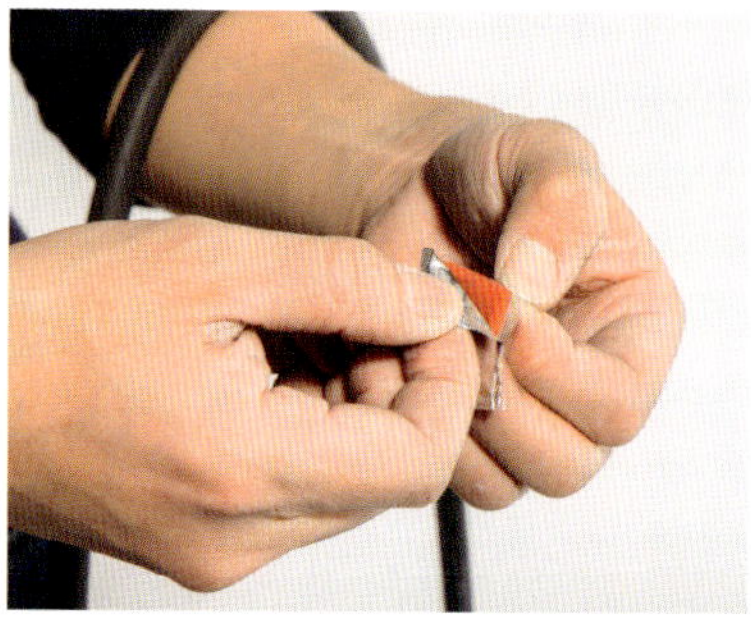

04 ゴムのりが乾くまで待つ

ゴムのりを触って指に付かなくなったら、パッチを用意。パッチの大きさもパンク穴に合わせて調整。

05 パッチを貼る

パッチの接着面のシートを剥がし、パンク穴が中心にくる位置に貼る。

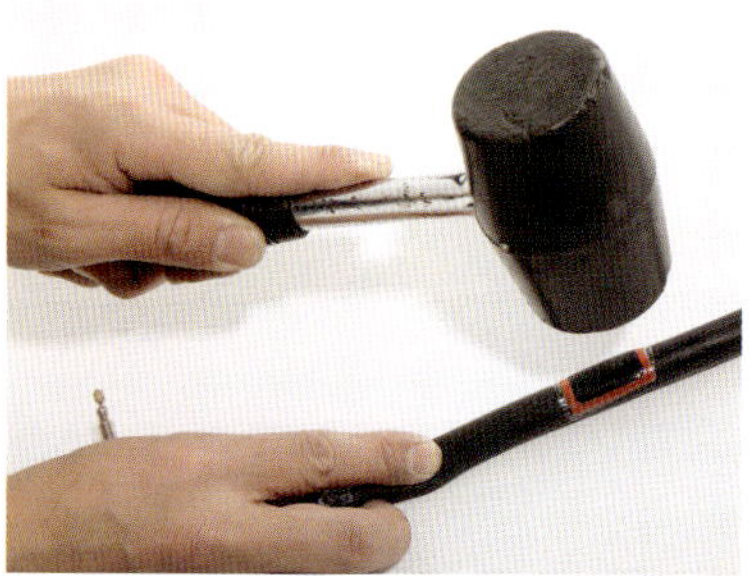

06 パッチを圧着する

硬いもの（ドライバーの根元やゴムハンマー）でパッチを叩き圧力をかける。叩きすぎに注意。

07 表面のフィルムを剥がす

パッチ表面のフィルムを剥がし、パッチがずれなければ完成。

08 空気を入れて確認

空気を入れてみて修理箇所から空気が漏れていないかを確認。もし空気が漏れていたら、チューブの交換が必要だ。

タイヤの取り付けはP77を参照

09 ホイールに装着

ホイールに戻して完了。問題がなければしばらく使い続けることができる。

パンク修理で知っておくべきこと

パンク修理で知っておきたいポイントを４つ紹介。
パンクの種類によっては修理ができないのでチューブ交換が必要だ。

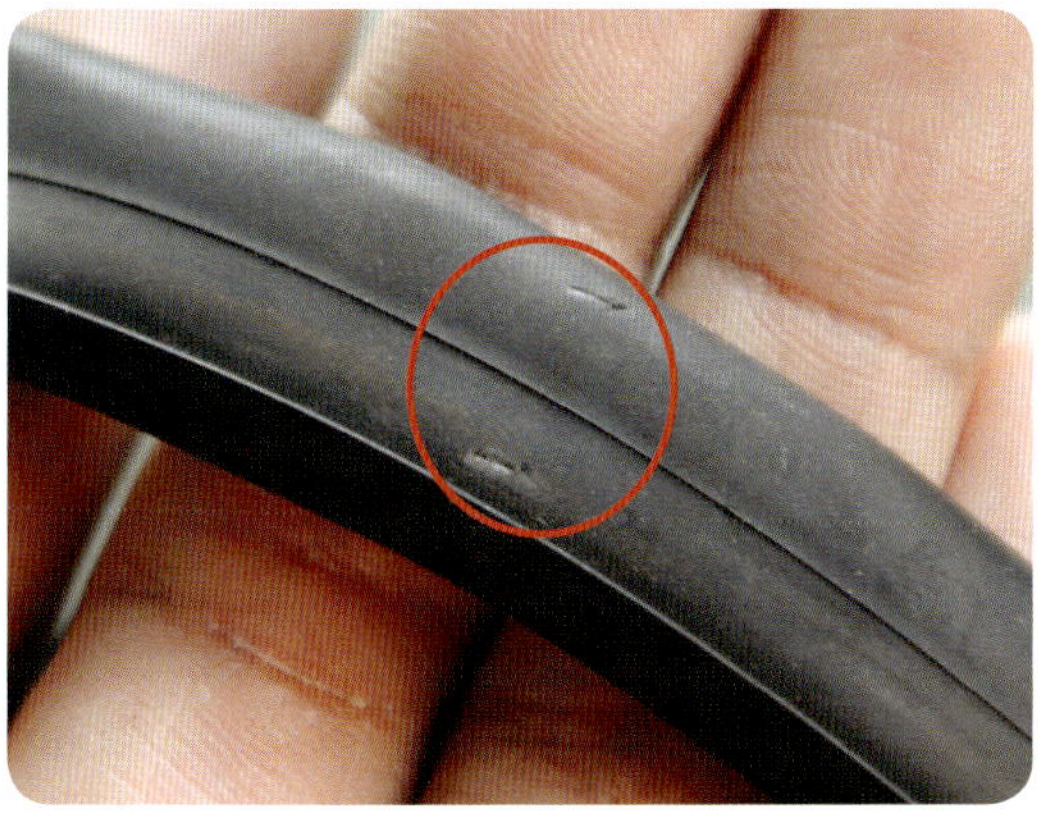

2カ所に穴があいたスネークバイトは直せない

路肩の段差や石と、リムでチューブを挟むことで起こるリム打ちパンクでは、「スネークバイト」と呼ばれる穴があく。穴が2つあり修理ができないため、チューブ交換が必要。

タイヤ側のダメージが大きければパッチを貼ろう

パンク時にチューブだけでなくタイヤにも穴があいてしまうことがある。タイヤの穴は、タイヤ穴用のパッチで修理することができる。パンク修理セットと一緒にタイヤのパッチも携帯しておくといい。

チューブはサイズや種類をチェック

タイヤ同様、チューブにもサイズがあるのでタイヤに合うものを選ぼう。また素材は安価なブチルチューブと高価で薄いラテックスチューブがあり、使用するチューブによって乗り心地が変わってくる。

スペアチューブを持っていれば交換のみで修理いらず

パンク対策としてサイクリングに携帯したいのが修理セットと替えのチューブだ。この２点があれば、最小限の装備で２度のパンクに対応できる可能性がある。スペアチューブも劣化するので年に一度は交換しよう。

Part4 09

トラブルシューティング

ここでは、各部位でよくあるトラブルと、考えられる原因を挙げる。頭に入れておけば、自転車ショップに相談する際などに役立つ。

ヘッド周り

走るとガタガタとして安定しない

CHECK POINT

□ ヘッドパーツが緩んでいないか
□ ステムが緩んでいないか

異音がする

CHECK POINT

□ ステムやヘッドパーツのプレッシャープラグは緩んでいないか
□ フレームのヘッドチューブにヒビやへこみはないか
□ スレッドステム※はコラム内部にグリスを塗っているか

※伝統的なステムの形態で、2000年頃までスポーツ自転車でも一般的に使われていた。現在でもピストバイクを始めとするスポーツ自転車や、シティサイクルに使われている。

ディレイラー（変速器）

フロントがうまく変速しない

CHECK POINT

□ シフトワイヤーが折れていないか、錆びていないか、劣化していないか
□ ディレイラーの羽根部分が曲がっていないか
□ ディレイラーが正しく装着されているか、ボルトが緩んでいないか
□ フロントチェーンリングが曲がっていないか
□ チェーンが摩耗していないか、錆びていないか

リアがうまく変速しない

CHECK POINT

□ フレームのリアエンドが曲がっていないか
□ シフトワイヤーが折れていないか、錆びていないか、劣化していないか
□ プーリー(P143)が摩耗していないか、壊れていないか、汚れが詰まっていないか
□ リアカセットスプロケットが摩耗していないか
□ チェーンが摩耗していないか、錆びていないか

ハンドル周り

ギシギシと音がする

CHECK POINT

□ ヘッドパーツ（P143）がゆるんでいないか
□ ステムがゆるんでいないか
□ ハンドルバーがゆるんでいないか
□ グリップが緩んでいないか
□ ブレーキレバーが正しく装着されているか
□ ハンドルが曲がっていないか

ペダル周り

クランク周辺がギシギシと音がする

CHECK POINT

□ ペダル軸の回転が悪い（曲がっていないか、錆びていないか）
□ クランクが緩んでいないか
□ チェーンリングやクランクをとめるフィキシングボルトが緩んでいないか
□ クランクを回転させるたびにボトムブラケット内で引っかかったような音がしていないか

ペダルが重く感じる

CHECK POINT

□ ギアが重すぎないか
□ タイヤの空気は入っているか
□ チェーンが錆びていないか
□ ホイールはスムーズに回っているか
□ チェーンが曲がっていないか、錆びていないか

※マーカー部のトラブルが見つかった場合、専用工具を必要とするため自転車ショップで修理してもらおう。それ以外でも定期的なショップでのメンテナンスが必須。

ホイール周り

ホイールが振れている

CHECK POINT

- □ リムがへこんでいないか
- □ スポークが折れていないか、テンションがゆるんでいないか
- □ ハブ(P143)がガタガタしていないか

ホイールがスムーズに回らない

CHECK POINT

- □ リムが歪んでブレーキシューに触れていないか
- □ ハブが錆びていないか
- □ クイックレリーズがしっかりと留まっているか
- □ スポークが折れていないか、テンションがゆるんでいないか
- □ タイヤの空気圧は適正か
- □ ギアが重すぎないか
- □ チェーンが錆びていないか、曲がっていないか
- □ ハブが錆びていないか
- □ ブレーキに異物が挟まっていないか

異音がする

CHECK POINT

- □ カセットスプロケットが緩んでいないか
- □ ハブがガタガタしていないか
- □ スポークのテンションにムラはないか
- □ スポークが折れていないか
- □ クイックレリーズがしっかりと留まっているか
- □ チェーンが錆びていないか
- □ 変速機がガタガタしていないか
- □ リアディレイラーハンガーが曲がっていないか
- □ サイクルコンピュータのセンサーが
フレームやパーツに接触していないか

消耗品の交換目安

消耗品は、以下の使用期間や走行距離を目安にチェック＆交換しよう。
走行距離が短くても経年劣化で消耗するものもあるので要注意。

種類	期間	距離
タイヤ／チューブ	3ヶ月～6ヶ月	2000～3000km
ブレーキシュー	3ヶ月～6ヶ月	2000～3000km
グリップ／バーテープ	1年ほど	5000km
シフト／ブレーキワイヤー	1ヶ月(初期調整)、1年ほど	5000km
チェーン	半年から1年	3000～6000km
フロントチェーンリング リアカセットスプロケット	1～2年ほど	5000～ 10000km

サドル周り

お尻が痛い

CHECK POINT

- □ サドルは水平に設置されているか

サドルから異音がする

CHECK POINT

- □ シートポストのボルトが
緩んでいないか、錆びていないか
- □ サドルのレールやベースが折れていないか

シートポストが下がってしまう

CHECK POINT

- □ シートクランプ(P142)、およびクイックレリーズが
しっかりと締まっているか、壊れていないか
- □ シートポストが歪んでいないか

ブレーキ＆レバー

ブレーキレバーの動きが悪い

CHECK POINT

- □ ブレーキワイヤーが伸びていないか、
錆びていないか
- □ 汚れが溜まっていないか
- □ レバー部分が曲がっていないか

ブレーキの動きが悪い

CHECK POINT

- □ 汚れが溜まっていないか、錆びていないか
- □ ブレーキワイヤーが伸びていないか、錆びていないか

ブレーキをかけると異音がする

CHECK POINT

- □ ブレーキシューが減りすぎていないか
- □ 異物が挟まっていないか
- □ 正しく装着されているか

クロスバイク&ロードバイク

今さら聞けない！Q&A

初心者によくある素朴な疑問をこのページで一挙に公開！

Q 自転車をオーダーメイドできるショップがある？

A ロードバイクでは、フレームのオーダーメイドは珍しい話ではない。ショップを通してフレームビルダーに依頼する場合と、ビルダーがショップを営業しているケースがある。日本国内ではスチールフレームのビルダーが多い。カラーオーダーもできるので、こだわりの一台がほしい人やサイズ選びで悩んでいる人におすすめ。

Q 女性がスポーツ自転車を選ぶときのポイントは？

A メーカーによっては、女性用モデルの自転車を用意している。その中からカラーや、用途に適した自転車を探すのが一般的な方法だ。とはいえ女性向けの自転車はそれほど多くない。身長に合った男性用（もしくはユニセックス）モデルを見つけ、必要があればサドルやハンドル幅を自分に合ったものにカスタマイズするというのが現実的だろう。

Q スポーツ自転車はなぜ高価なの？

A スポーツ自転車のフレーム素材は、軽快車に使われる金属よりもかなりよい物を使っている。さらにギアやブレーキなどコンポーネントも高い精度と耐久性を兼ね備えており、むしろ価格以上の性能を実現しているといっても過言ではない。スポーツ自転車が高価というよりも、汎用性がありシェアも高い軽快車の価格がお手頃ということだ。

Q フレームサイズの表記の見方を教えて

A ロードバイクのフレームサイズの多くは、55cmや550mmなどシートチューブの長さ（ボトムブラケットの中心から突端までの長さ）で示されていることが多い。クロスバイクはXL～Lといった大まかなサイズ表記が多い。メーカーによって身長に適応する推奨サイズは異なる。

Q スポーツ自転車に体重制限はありますか？

A ほとんどの自転車には体重制限はないが、体重が100kgを超えるような場合はパーツやホイールを強化したほうがいいだろう。大きく負荷のかかるパーツは、サドル、フレーム、ホイール、そしてペダルだ。コンポーネント自体への影響はあまりない。ロードバイクでは完成車重量で５kg台という超軽量モデルもあるが、そういった自転車は向いていないといえる。

Q 完成車ってどういう意味？

A 購入してすぐに走り出せる状態のものを完成車と呼ぶ。クロスバイクやロードバイクはこの完成車の状態で販売されているものが多い。一方、フレームセット単体で販売しているものもある。これはロードバイクの高級モデルに多い販売方法のひとつで、フレーム以外のパーツは好きなものを取りつけたいという上級者向けのスタイルだ。

Q チューブのバルブについているキャップは必要？

A チューブのバルブにキャップが装着されるのは、バルブ突端のコア（ネジ部分）を守るためだ。キャップがあると雨や風が吹いても劣化しにくいことから、キャップはつけておいたほうがいい。空気を入れたあとは、忘れずにバルブキャップも戻しておこう。

Q メンテナンスしてもらう頻度はどれくらい？

A メンテナンスの頻度は用途や使い方によっても異なるが、多ければ多いほどよい。サイクリングやイベントに参加する場合は、当日の１週間前までに調子を見てもらおう。通勤などで毎日使用している場合は、月に１度くらいのペースで立ち寄るといいだろう。どちらにしても、初心者は少しでも気になったことがあればショップに相談し、徐々に自分でできることを増やしていこう。

Q 自転車を購入していないショップでメンテナンスをしてもらうのはあり？

A メンテナンスに関しては、問題なく受けつけてもらえるだろう。引越しでやむを得ず行きつけのショップを変更しなければならない例は多々ある。ただ、通販サイトなどで購入した自転車を組み立ててもらうといった持ち込みは、歓迎されない。

Q 自転車にもクルマのような保険システムはある？

A 事故によるケガや入院、死亡、また事故を起こして相手にケガを負わせた場合の賠償責任などを補償する自転車保険がある。ただし、自動車保険の車両補償のように愛車の修理費用を補償するプランはない。自転車は、年齢にかかわらず被害者にも加害者にもなるため、自転車に乗る子どもがいる家庭ではファミリータイプの加入をおすすめしたい。

Q 長く走ると、必ずお尻が痛くなるもの？

A 乗り慣れたサイクリストでも、長距離を走ると最後にはお尻が痛くなる。痛くなり始める時間が、早いか遅いかだけである。主な原因はサドルだ。乗りこんでいくとなじむ場合もあるが、まったく改善しないときは別のものに交換しよう。ハンドルを下げるとハンドル側に荷重が偏って走りやすくなることもある。また、レーサーパンツのパッドを変えると症状が緩和することも。

Q ロードバイクに乗るならすね毛を剃るのがマナー？

A すね毛を剃るのは、おもに競技者が、マナーというより実用的な理由で行っている。おもな理由は、転倒によるケガを治療しやすくするため。毛がないと塗布物、ガーゼやテープが貼りやすい。また、毛があると受傷部に雑菌が繁殖しやすいとも言われている。次にマッサージがしやすくなること。競技者は、トレーニング後などにマッサージを行う文化がある。最後に空気抵抗を減らすこと。すね毛であっても風圧の影響があるらしい。

Q フラットハンドルとドロップハンドルは交換できる？

A 不可能ではないが、どちらも思った以上にコストが発生する。クロスバイク用コンポーネントだったらロード用に入れ替える必要があるなど、ハンドルだけの問題では済まない。もっともコストがかからないケースは、互換性のあるロード用コンポーネントがついたクロスバイクをドロップハンドルに変えることだろう。もっとも、無理矢理交換するより新しい自転車を購入したほうが安価な場合も……。

Q タイヤは細いほうがパンクしやすい？

A 細いからパンクしやすいということはない。パンクの原因は太さにかかわらず、空気圧が適正でない、未舗装路を走ったなど使い方に原因がある場合がほとんどだろう。適正な空気圧で舗装路を走る分には、それほどパンクに対して神経質にならなくてもいい。ただ、路肩にはガラス片や尖った小石なども多く、パンクリスクが増える道路の端を走るのは避けよう。

クロスバイク＆ロードバイク用語集

スポーツ自転車のサイズ選びや乗り方、メンテナンス方法を知るためにも基本的な自転車用語、専門用語を覚えておこう。自分でできるメンテナンスの幅も広がる。

ア

【アーレンキー】

「ヘキサゴンレンチ」「六角レンチ」「ヘックスレンチ」とも呼ばれる。六角型断面のL字型の工具で、六角穴のボルトやねじを締めたりゆるめたりするのに使う。


【アウターギア】

フロントに設けられたギアのなかでもっとも歯数が大きいチェーンリング。ロードバイクの場合、フロントギア2枚がスタンダードで、大きいほうがアウターギア。これに対して小さいほうをインナーギアと呼ぶ。フロントギアが3枚のものは真ん中を、センターギアと呼ぶ。


【アジャスター】

ブレーキやシフトのワイヤーの伸びやたるみを、調整するスモールパーツ。


【インナーギア】

フロントのギアのうち、もっとも小さいチェーンリング。


【エアインジケーター】

タイヤの空気圧を測るための測定機器。ゲージとも呼ぶ。


【STI（エス・ティー・アイ）】

シマノ・トータル・インテグレーションの略で、ブレーキとシフターをひとつにまとめたもの。手元変速機。


【SPD（エス・ピー・ディー）】

シマノ・レーシング・ダイナミクスの略。ビンディングペダルのひとつで、92年にシマノが発表したクリップレスペダル。おもにMTB用として使われている。


【エンド】

フォークの先端やフレームの、ホイールが収まる部分を指す。


【エンドキャップ】

ドロップハンドルのバーの両端に取り付けるキャップ。

カ

【カセットスプロケット】

リアスプロケットとも呼ぶ。リアのギアのこと。


【ギア】

チェーンがかかる「歯」のこと。スプロケットとも呼ばれる。


【逆ねじ】

右に回すと締まる「正ねじ」の逆で、左に回すと締まるねじのこと。ペダルを回転させる動きでねじがゆるまないように、左側ペダル、ボトムブラケットの右側などで採用されている。自転車のボルトの意味では、「ぎゃくねじ」と呼ぶのが一般的。


【クイックレリーズ】

ワンタッチでレバーを開くだけで脱着ができる仕組み。ホイールやシートポストに用いられる。


【クリート】

ビンディングペダルに固定するためのアダプター。専用シューズのソールに固定して使う。


【グリス】

潤滑剤の一種。回転部に使われる粘性の高いオイル。ボトムブラケットなどのパーツに使われる。

サ

【サイクルコンピュータ】

走行速度、走行距離などの計測機器。GPS付きのものやケイデンスを測定するものもある。ハンドルに取り付けて使用する。


【サドルバッグ】

サドルの下に装着する小物入れ。パンク修理セットや携帯工具など、サイクリングに必要なものを入れておくのに便利。


【シートクランプ】

シートポストをフレームに固定するための金具。


【シートステー】

フレームの、リアエンドからシートチューブ上面に伸びるチューブのこと。


【シートチューブ】

フレームの、クランクを装着する部分からサドルに向かって伸びたチューブのこと。


【シートポスト】

サドルを支えるチューブ状のパーツ。サドルの高さを変えるときに上げ下げするチューブ。


【シフトレバー】

ギアチェンジを行うためのレバー。ブレーキレバーとともに手元付近にある。


【シフトワイヤー】

ギアチェンジの動きをコントロールするワイヤー。シフトレバーからギアに動きを伝える。


【ステム】

ハンドルをステアリングコラムに固定するパーツ。ステムの長さでハンドルの位置を調整できる。


【ステアリングコラム】

フロントフォークからのびるチューブ。フレームのヘッドチューブの中を通る。


【スネークバイト】

リム打ちパンクでできる穴。まるでヘビの歯で噛まれたような2カ所のキズができることが名の由来。タイヤの空気圧が少ないとき、段差に乗り上げたり穴に落ちた場合などにできる。


【スペーサーコラム】

ステアリングコラムに重ねてステムの高さを調整するリング状のパーツ。スペーサー。


【スポーク】

ホイール内の放射状に伸びたパーツで、リムとハブをつなぎ、車輪を構成する。


【スレッドステム】

昔ながらのステム。ステアリングコラムに挿入して使用する。軽快車で一般的に使われているステムで、クロスバイクやロードバイクでもクラシックなモデルに使用される。

タ

【タイヤパッチ】

パンクしたとき、チューブに開いた穴をふさぐために貼るシール。最初から接着剤が付いているものと、ゴムのりを塗ってから貼るタイプの2種類がある。


【タイヤレバー】

タイヤをリムから外すときに使用する工具。2〜3本で一セット。


【ダウンチューブ】

フレームの、クランクを装着するハンガーシェルとヘッドチューブをつなぐ下側のチューブ。


【タケノコばね】

クイックレリーズに付属しているばねの呼び名。


【WOタイヤ（ダブルオータイヤ）】

タイヤとチューブが別々になっていて、リムの溝にタイヤのフックをはめ込んで使うタイヤ。クロスバイクやロードバイクで一般的に使われるタイヤ。最近はクリンチャータイヤとも呼ぶ。⇔チューブラータイヤ。


【W（ダブル）レバー】

ダウンチューブについている昔ながらのシフトレバーのこと。


【ダボ穴】

泥除けやキャリアなどを取り付けるための穴のこと。


【チェーン】

環状の部品が連なったパーツで、ペダリングの推進力をリアホイールに伝える。


【チェーンステー】

ハンガーシェルからリアエンドまでをつなぐ左右2本のチューブ。

【チェーンライン】フロントのギアからリアのギアを結んだ線のことで、すなわちチェーンが通るラインのこと。チェーンが大きくねじれるアウター×ローやインナー×トップのギア組み合わせは、変速に支障が出ることがある。

【チェーンリング】フロントに付いているギア（歯車）の部分のこと。

【チェーンルブ】チェーン専用のオイル。チェーンの動きを滑らかにする。定期的に塗布して性能を保つ。

【チューブ】正式名称はタイヤチューブ。空気を充填したチューブをタイヤで覆い、ホイールのリムに装着する。

【チューブラータイヤ】タイヤ本体の中にタイヤチューブが一緒に縫い込まれた軽量のレーシングタイヤ。⇔WOタイヤ。

【ディグリーザー】油分の汚れを落とすクリーナーのこと。

【ディレイラー】変速機のこと。ロードバイクやクロスバイクにはフロントとリア側それぞれに付いて、シフトレバーからの動作をギアに送る。それぞれ、フロントディレイラー、リアディレイラーと呼ぶ。

【デュアルコントロールレバー】一本のレバーでブレーキングと変速が可能になった手元変速装置のこと。

【トータルキャパシティー】リアスプロケットの最大ギアと最小ギアとの歯数差と、フロントギアのアウターリングとインナーリング歯数差の合計で、対応できる歯数の組み合わせを示している。

【トップチューブ】ヘッドチューブとシートチューブを結ぶ上側のチューブ。

ナ

【ニップル】スポークの先端に付いているスポーク専用のボルト。

【ニップル回し】ニップルを回すための専用工具。

ハ

【バースト】タイヤが破裂してしまうこと。

【バーテープ】ドロップハンドルバーに巻き付ける、いわばグリップ。

【ハブ】ホイールを構成するパーツの中でもっとも中心部に位置する軸。後輪用はフリーハブとも呼ばれる。ホイールのハブをフレームのエンドに噛み合わせ、クイックレリーズで固定する。

【バルブ】タイヤチューブに空気を入れるための口金。一般に仏式（フレンチバルブ）、英式（ウッズバルブ）、米式（シュレッダーバルブ）の3タイプがある。

【バルブコア】バルブの先端のねじの部分。バルブキャップは、このバルブコアを保護するためにある。

【ハンガーシェル】フレームの、クランク（BB）が装着される部分の名称。通称「ハンガー」。

【ハンディポンプ】携帯用空気入れのこと。常にフレームに取り付けて携帯し、出先でのパンク時などに空気の充填に使用する。

【ビード】タイヤの端の部分の名称。タイヤをホイールにはめ込むときは、タイヤレバーでこのビード部分を押し込む。

【ビンディングペダル】スプリングの力でレーサーシューズのクリートを固定するタイプのペダル。フランスのルック社が80年代中期に開発した。クリップレスペダルともいう。

【フィキシングボルト】チェーンリングとクランクを固定するボルトのこと。

【プーリー】歯車の形をしたリアディレイラーのパーツで、チェーンを移動させて変速させる。

【フリーホイール】時計方向に回すと力が伝わり、反対方向に回すと空回りする機構。ペダリング中に足を止めてもホイールが止まらずに回り続けるのは、このおかげ。

【ブレーキ】制動機のこと。ロードバイクに多く使われるキャリパーブレーキ、クロスバイクに多いVブレーキ、MTBに多いディスクブレーキなどがある。

【ブレーキシュー】リムに接触して動きを制御するパーツ。ブレーキホルダーとゴムの両方を指す場合が多いが、本来は「ブレーキパッドのホルダー」の意味がある。ゴム部分の正式名称はブレーキパッド、またはシューブロックという。

【フレーム】自転車の本体。自転車の骨組みになる基本構造。クロモリ、アルミ、カーボン、チタンなどが素材として使われている。

【プレッシャープラグ】ヘッドパーツの一部。ヘッドパーツに適切な圧力をかけ、ガタツキが出ないよう固定するパーツ。

【フロアポンプ】携帯用のハンディポンプに対して、フロアポンプは地面に置いて使う空気入れのこと。高圧で入れるロードバイクには必要不可欠。

【フロントフォーク】前輪を支えるフレームの一部分。ヘッドチューブから二股に分かれ、ホイールを挟む格好となる。ハンドル操作をフロントホイールへ伝える。

【ヘッドチューブ】トップチューブとダウンチューブが溶接されているチューブ。内部にフロントフォークのステアリングコラムが挿入されている。

【ヘッドパーツ】フレームのヘッドチューブとフロントフォークをつなぐためのパーツ。

【ホイール】フレーム同様、自転車の骨組みとなる基本構造。前輪をフロントホイール、後輪をリアホイールと呼ぶ。通常のホイールは、リム、ハブ、スポーク、ニップルというパーツによって構成される。

【ボトムブラケット】略称は、BB（ビービー）。フレームとクランクをつなげる軸の部分。

【ボトルケージ】ウォーターボトルを搭載するためのパーツ。フレームのボトル台座に装着して使用する。

ラ

【ライディングポジション】走行するときのライダーの姿勢のこと。

【リアエンド】フレームの一部。後輪とリアディレイラーを固定する部分。

【リアディレイラー】後輪の変速機。変速レバーから受けた変速の指令をカセットスプロケットに伝えるパーツ。

【輪行バッグ】自転車を分解して電車などで持ち運ぶための専用バッグ。手軽なものから、空輪用のハードケースまで様々。

【ルブリカント】粘度が高くないさらりとした潤滑油、機械油のこと。パーツに油をさすときに使う。ルブ、チェーンルブとも呼ぶ。

ワ

【ワイヤー】ブレーキやシフトを操作するためのパーツ。インナーワイヤーと、外側のアウターワイヤーで構成される。

誰でもはじめられるクロスバイク&ロードバイク

STAFF
デザイン　cycledesign
撮　　影　中林正二郎（snow）　猪俣健一
イラスト　羅久井ハナ
執　　筆　山本健一　猪俣健一　齋藤むつみ
モ デ ル　相良 賢　村上枝里
協　　力　アイズ・エンターテイメント株式会社
編　　集　成美堂出版編集部

取材協力
ラピエール・マジィ／東商会　http://www.eastwood.co.jp
ノグ・ブルックス・レザイン・ジロ／ダイアテック　http://www.diatechproducts.com/
トレック／トレック・ジャパン　https://www.trekbikes.com
トレックストア 六本木　http://www.trekstore.jp/
パールイズミ／パールイズミ　https://www.pearlizumi.co.jp/
リクセン＆カウル／ピーアールインターナショナル　http://www.g-style.ne.jp/
トピーク／マルイ　http://www.topeak.jp/
エスイーバイクス／モトクロスインターナショナル　http://ride2rock.jp/
ヤマハ／ヤマハ発動機　https://www.yamaha-motor.co.jp/

誰でもはじめられるクロスバイク&ロードバイク

編　著　成美堂出版編集部
発行者　深見公子
発行所　成美堂出版
〒162-8445　東京都新宿区新小川町1-7
電話(03)5206-8151　FAX(03)5206-8159
印　刷　三共グラフィック株式会社

ISBN978-4-415-32320-6
落丁・乱丁などの不良本はお取り替えします
定価はカバーに表示してあります